众天清甜

众天雪红

众天一品红

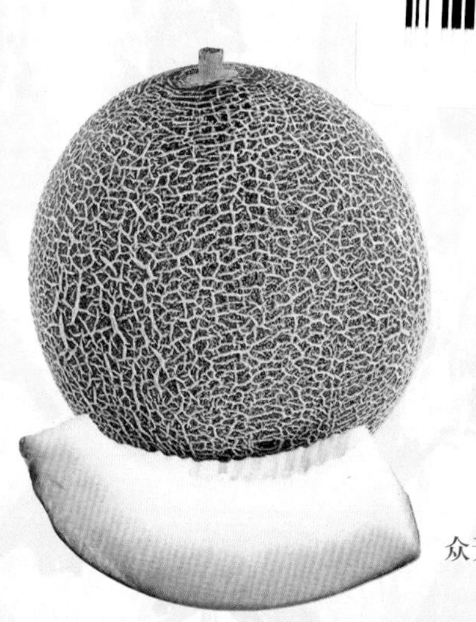

众天网络时代

哈妹 -P1010027

哈 妹

翠 玉

金凤凰

黄皮 9818

绿皮 9818

风味三号

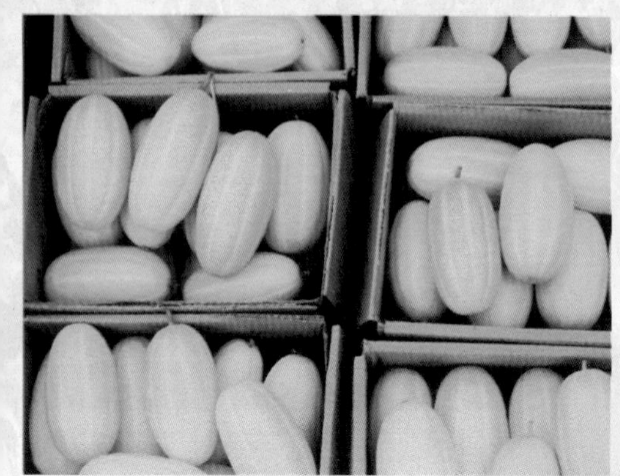

P1020803（商品瓜）

P1010786（中一瓜及剖面）

早醉仙

雪里红

红状元

航天玉金香

黄子金玉

甜瓜无土栽培

甜瓜日光温室栽培

甜瓜大棚栽培

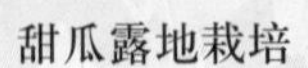

甜瓜露地栽培

甜瓜露地栽培-间作套种

大棚甜瓜吊蔓

大棚甜瓜套袋

甜瓜白粉病病点

根结线虫为害状

甜瓜病毒病危害状

甜瓜蔓枯病

农作物种植技术管理丛书

怎样提高甜瓜种植效益

编著者
徐志红　徐永阳
陈彦峰　王　坚

金盾出版社

内 容 提 要

本书由中国农业科学院郑州果树研究所甜瓜栽培专家徐志红副研究员等编著。内容包括我国甜瓜生产的现状与发展趋势、甜瓜品种的选择、甜瓜的育苗与直播技术、甜瓜栽培技术、甜瓜病虫害防治、甜瓜采收贮运保鲜技术、甜瓜的市场营销与种植效益共七章。作者紧密结合我国甜瓜生产的实际，分析了甜瓜生产各个环节中观念和技术上的误区，介绍了正确的做法和先进的栽培技术，针对性、实用性和可操作性强，对提高甜瓜种植效益具有积极指导作用。适合广大瓜农和基层农业技术推广人员阅读，亦可供农业院校有关专业师生参考。

图书在版编目(CIP)数据

怎样提高甜瓜种植效益/徐志红等编著.—北京:金盾出版社,2007.3

(农作物种植技术管理丛书)

ISBN 978-7-5082-4385-6

Ⅰ.怎… Ⅱ.徐… Ⅲ.甜瓜-瓜果园艺 Ⅳ.S652

中国版本图书馆 CIP 数据核字(2007)第 004728 号

金盾出版社出版、总发行

北京太平路 5 号(地铁万寿路站往南)

邮政编码:100036 电话:68214039 83219215

传真:68276683 网址:www.jdcbs.cn

彩色印刷:北京 2207 工厂

黑白印刷:北京四环科技印刷厂

装订:海波装订厂

各地新华书店经销

开本:787×1092 1/32 印张:5.625 彩页:8 字数:117 千字

2009 年 5 月第 1 版第 4 次印刷

印数:28001—43000 册 定价:9.00 元

目 录

第一章　我国甜瓜生产的现状与发展趋势

甜瓜香甜可口，是我国广大城乡人民普遍喜爱的传统夏季鲜食水果。个大质脆、风味独特、极耐贮运的新疆哈密瓜，是国内外畅销的高档水果。东部地区从南到北广泛种植的薄皮甜瓜(香瓜)，由于其成熟早、个小价廉而深受欢迎。近10年来，在我国中部地区发展起来的保护地早熟光皮的厚皮甜瓜，如伊丽莎白、西薄洛托等品种抢早独占春、夏市场，为瓜农增收和丰富市场发挥了积极作用。

甜瓜果实富含营养，果实中的维生素C(抗坏血酸)、糖类、热量、粗纤维、钙等的含量均显著高于同类夏季水果西瓜(表1)，种植甜瓜的经济效益较好，是甜瓜产区农民的主要经济收入来源。

一、我国甜瓜生产的现状

(一)栽培面积与分布

1. 栽培面积　我国一直是世界上甜瓜种植大国。1976年以前，无确切统计数据，估计全国种植总面积为3万～4万公顷，以后随着市场经济的发展，面积迅速扩大。据1989年的不完全统计，全国甜瓜总面积为10万公顷左右。20世纪90年代以后，随着保护地栽培的推广发展，甜瓜面积飞跃增长。据估计，目前全国甜瓜总面积已达20万～25万公顷，在全球甜瓜栽培面积中已稳居各国之首。另据2002年国际葫芦科作物年会上公布的统计材料来看，中国甜瓜的总产量在

表 1　中国甜瓜主要品种与对比食品的营养成分比较表　（100 克鲜重含量）

品种名称及对比食品	产地	食部（%）	水分（克）	蛋白质（克）	脂肪（克）	碳水化合物（克）	热量（千卡）	粗纤维（克）	灰分（克）	钙（毫克）	磷（毫克）	铁（毫克）	胡萝卜素（毫克）	硫胺素（毫克）	核黄素（毫克）	尼克酸（毫克）	抗坏血酸（毫克）
白香瓜	北京	81	92.4	0.4	0.1	6.2	113	0.4	0.5	29	10	0.2	0.03	0.02	0.02	0.3	13
黄金瓜	江苏	74	92.4	0.4	0.5	5.6	121	0.4	0.7	19	22	0.3	0.03	0.02	0.01	0.4	15
白兰瓜	北京	64	93.1	0.5	0.2	5.2	105	0.4	0.6	24	13	0.9	0.04	0.02	0.03	0.4	10
黄旦子	新疆	60	87.0	0.7	0.2	11.1	205	0.3	0.7	13	9	0.7	微量	0.08	0.01	0.6	25
红肉哈密瓜	新疆	63	90.0	0.4	0.3	8.8	167	0.1	0.4	14	10	1.0	0.22	0.08	0.01	0.3	13
牛　奶	北京	100	87.0	3.3	4.0	5.0	289	0	0.7	120	93	0.2	0.08	0.04	0.13	0.2	1
鸡　蛋	北京	85	71.0	14.7	11.6	1.6	711	0	1.1	55	210	2.7	0.16	0.16	0.31	0.1	—
西　瓜	北京	54	94.0	1.2	0	4.2	92	0.3	0.2	6	10	0.2	0.17	0.02	0.02	0.2	3

引自中国医学科学院营养卫生研究所有关资料

世界的份额已由10年前的25%上升到38.5%。

2. 分布 1976年以前各地的甜瓜生产均为露地栽培，根据生态气候地理条件与品种生态类型的不同，当时我国的甜瓜栽培大致可以分为西北干旱气候厚皮甜瓜栽培区与东部季风农业气候薄皮甜瓜栽培区两大栽培区域。西北厚皮甜瓜栽培区主要包括新疆、甘肃两省（自治区），其中以新疆的（以哈密瓜为主）面积最大，其次为甘肃（以白兰瓜为主），宁夏、青海、内蒙古西部仅有少量种植。东部、中部薄皮甜瓜栽培区则在南北25个省（自治区）市内广泛种植，其中栽培面积较大的产区是华北地区、东北地区和长江中下游地区，华南地区栽培面积较少，西南地区则更少。在各省（自治区）市中甜瓜种植面积较大的有西北地区的新疆，东部、中部地区的河南、山东、陕西、河北、山西省，东北地区的黑龙江、吉林省以及长江中下游地区的江苏、浙江、安徽、江西、湖北等省。

从20世纪80年代开始，随着厚皮甜瓜保护地栽培的推广和发展，甜瓜的栽培区域发生了很大的变化。由于保护地基本不受生态条件的限制，其发展除了考虑生态条件外，更重要的是要考虑经济因素，即市场的需求、经济效益的高低、生产技术条件的优劣等，因此，东部沿海经济发达地区和大城市郊区大力发展技术性强、投资大、效益高的保护地栽培，从而打破了全露地栽培时期的纯生态分布格局，形成了甜瓜生态-经济的分布新格局。根据目前各地甜瓜的实际发展情况，我国的甜瓜栽培分布地域大致分为以下四个栽培区。

（1）*西北厚皮甜瓜露地栽培区* 本区主要包括新疆全境、甘肃河西走廊与兰州附近、青海湟水流域、宁夏银川与灵武平原、内蒙古西部巴彦卓尔盟等地。本区内的甜瓜生产主要是厚皮甜瓜露地栽培，薄皮甜瓜种植很少。近年来，开始少量试用保护地栽培。本栽培区可分两个部分:新疆全区为一部分生产中晚熟的哈密瓜品种,间有少量早熟品种黄旦子;其他地区为一部分生产早熟和中早熟品种,如玉金香、河套蜜瓜(铁旦子)、黄河蜜、白兰瓜等。

(2)中部厚皮、薄皮甜瓜栽培区　本区包括地处我国中部地区的华北地区(豫、鲁、冀、陕、晋、京、津等省、市)和长江中下游地区(苏、浙、沪、皖、赣、鄂等省、市)的主要产瓜省、市。本区内的薄皮甜瓜均为露地栽培,厚皮甜瓜均为保护地栽培,特早熟的日光温室栽培为华北地区所独创,薄皮甜瓜品种以各地的地方优良品种为主,厚皮甜瓜品种以早熟光皮类为主。

(3)东北薄皮甜瓜栽培区　本区包括黑龙江、吉林、辽宁、内蒙古东部等地。本栽培区内薄皮甜瓜广泛种植,为当地生产的主要水果,大多为较粗放的露地栽培,局部地区发展了一些保护地栽培,如大庆、大连市郊区的厚皮甜瓜温室、大棚栽培和辽宁的薄皮甜瓜大棚栽培。

(4)华南哈密瓜保护地无土栽培区　本栽培区主要包括珠江三角洲地区和海南省南部地区。本栽培区内薄皮甜瓜露地栽培面积不大,20 世纪 90 年代开始发展起来的温室大棚哈密瓜中早熟优质品种的无土栽培发展较快,经济效益很高,为本区新兴的精品甜瓜亮点。近年来,海南南部逐步推广成本较低的简易大棚哈密瓜无土栽培生产,已取得了较好的经济效益。

(二)栽培品种

我国甜瓜的栽培品种在新中国建立后经历了较大的变化。新中国建立初期,各地种植的均为当地传统的地方品种,其中著名的有西北厚皮甜瓜栽培区的新疆各种哈密瓜中晚熟(夏瓜、冬瓜)品种和黄旦子早熟品种,甘肃的白兰瓜、铁旦子、醉瓜等；东部薄皮甜瓜栽培区内的地方品种十分丰富，其中著名的有江浙一带的黄金瓜、江西的梨瓜、山东的益都银瓜、河南的王海瓜、黑龙江的铁把青、陕西的白兔娃等。20 世纪 60～70 年代，各地瓜类科技人员通过对优良地方品种的系选和杂交育种，育出了一些优良的固定品种，其中厚皮甜瓜主要有新疆的红心脆、伽师瓜、网纹香、含笑等品种，薄皮甜瓜有华南 108、荆农 4 号、龙甜一号等品种，这些品种育成后逐步在生产上推广。20 世纪 80 年代以后，我国甜瓜育种发展很快，这个阶段新育成的品种绝大部分是杂交一代种，固定品种也有但比较少，而且多数都是厚皮甜瓜品种，其中有哈密瓜中的皇后与新皇后等同类品种以及适于华南地区温室无土栽培的金凤凰、9818 等，薄皮甜瓜的新品种并不多；80 年代先后从日本、我国台湾地区引进一些厚皮甜瓜优质中早熟品种迅速在东部地区大棚内推广发展，随即国内掀起了这类品种选育的热潮，其中以光皮早熟品种为多。目前，生产上推广的有：以日本的伊丽莎白为代表的黄色光皮类品种、以西薄洛托为代表的白色光皮类品种、以中甜一号为代表的薄皮甜瓜型极早熟光皮厚皮甜瓜，另外还有玉金香等少量网纹和半网纹类厚皮甜瓜品种，此期内也育出了一些薄皮甜瓜新品种，但是数量不多，而且大部分是固定品种。

（三）栽培技术的改进

新中国建立后尤其是 20 世纪 80 年代以后，我国的甜瓜栽培技术不断改进。80 年代以前，栽培技术的改进均是各地瓜农通过长期实践因地制宜独创的各种土法技术，如甘肃兰州地区的白兰瓜沙田栽培及其配套的孙蔓十二条蔓整枝技术是独特的有效抗旱优质丰产技术；山东的益都银瓜沙地客土栽培及其孙蔓四蔓整枝技术等。

20 世纪 80 年代开始，逐步推广应用各种现代技术，加速了甜瓜栽培技术的改进，其中主要有 80 年代初开始试验推广普及的地膜覆盖技术，这对提高我国各地露地栽培甜瓜的稳产、增产水平发挥了重要作用；80 年代中期开始的厚皮甜瓜大棚、日光温室的试验推广为我国厚皮甜瓜东移成功起到了关键作用，并为提前或延后厚皮甜瓜供应时期、丰富市场供应发挥了作用；90 年代开始哈密瓜保护地无土栽培研究成功，并在珠江三角洲地区和海南地区推广，为市场提供高档精品甜瓜与增加农民收益起到了重要作用。此外，90 年代以来保护地厚皮甜瓜嫁接技术和无公害绿色食品甜瓜栽培技术的推广应用，对提高我国甜瓜产销水平起到了一定作用。

(四)产量、效益与销售

我国甜瓜的单产水平比较高。据联合国粮农组织(FAO)统计，20 世纪 80 年代我国甜瓜的平均单产(1 100 千克/667 平方米)高出世界平均水平(900 千克/667 平方米)22%，90 年代单产水平又有所提高，我国单产(1 500 千克/667 平方米)高出世界平均水平(1 100 千克/667 平方米)36%。我国各地的甜瓜实际单产水平差别很大，高的可达 4 000～5 000 千克/667 平方米，低的仅为 1 000 千克/667 平方米左右。这种单产差别也有一定规律趋向，即北方地区一般比南方地区高，厚皮甜瓜比薄皮甜瓜高，中晚熟品种比早熟品种高，保护地栽培比露地栽培高，灌溉栽培比旱地栽培高，集约化栽培比粗放栽培高。

种植甜瓜的经济效益比较好。在正常情况下，每 667 平方米可收入 800～1 000 元，多的可收入 2 000～3 000 元，高的甚至可达万元以上。由于厚皮甜瓜品质优单价高，所以它的经济效益比薄皮甜瓜高。但是辽宁省 90 年代推广应用的大棚薄皮甜瓜早熟栽培，同样也显著提高了经济效益，高的每667平方米收入达万元以上。我国中部地区保护地栽培的厚皮甜瓜，不论是春瓜还是秋瓜，由于季节差价大，单价高，因此收益好，发展快。哈密瓜是国内外畅销的高档精品瓜，不论是在新疆的露地栽培还是在华南地区的温室无土栽培，其经济效益均为甜瓜生产中最好最高的，尤其是华南无土栽培的哈密瓜优质新品种，每667平方米收入都在1万～2万元以上。新疆露地栽培的哈密瓜价格较高，其效益优于西瓜，因此近年来哈密瓜栽培面积扩大很快，而西瓜栽培面积却大幅度下降。

薄皮甜瓜皮薄，易于碰破损伤，不耐贮运，货架期短，一般又多为散装运输，因此均为自产自销，只能就地供应附近市场。近年来辽宁省发展起来的大棚栽培薄皮甜瓜，也只能用纸箱包装后进行短、中途外运销售，而难以进入长途远运的大流通市场。但少数皮稍硬、较耐贮运的品种如华南108等则可稍远运销。

厚皮甜瓜则不同，不论是西北地区露地栽培的哈密瓜、白兰瓜、玉金香、黄河蜜，还是东部地区保护地栽培的早熟厚皮甜瓜类型，其耐贮运性均比较强，适于长途远运的大流通市场。西北地区露地生产的厚皮甜瓜，一般果型较大，除了供外贸出口或作大城市特需供应需要特殊包装外，大多进行散装运输。东部地区保护地栽培的早熟厚皮甜瓜类型，果型较小，价值较高，故全部实行纸箱加尼龙网套包装后外运。

目前，国内甜瓜流通市场基本上做到了一年四季均有甜瓜供应。每年6～8月份是各地露地甜瓜的上市高峰期，其中，长江中下游地区的薄皮甜瓜于6月份最早上市，随即华北地区和东北地区的薄皮甜瓜于6～7月份和7～8月份陆续上市。虽然华南地区的薄皮甜瓜于5月份即可上市，但它的商品量很少。西北地区露地栽培的厚皮甜瓜先后于7～8月份陆续上市，而低洼暖热的吐鲁番盆地生产的哈密瓜特别早熟，6月份即可上市。内蒙古的河套蜜瓜成熟也比较早，北京市场7月份就有供应。甘肃的白兰瓜、玉金香、黄河蜜等在7～8月份大量采收外运。8月份是哈密瓜的收获盛期，由于其耐贮运性特强，尤其是伽师瓜等晚熟冬甜瓜品种，一般在适温下也能存放数月，因此它的上市供应期可以一直延续到元旦和春节。华北地区和长江中下游地区保护地栽培的早熟厚皮甜瓜类型，5月份即可大量成熟，早的可提前到4月份成熟，个别瓜农采取特早熟栽培措施后，甚至在3月下旬就可以开始少量采收上市以获取高价。这批甜瓜商品的上市，为填补4～5月份大路鲜果短缺的淡季发挥了积极作用。东北地区的大棚薄皮甜瓜在5～6月份成熟上市。海南南部冬春茬哈密瓜和珠江三角洲地区的秋茬哈密瓜温室无土栽培的产品，可供应附近城市和港澳市场。

二、我国甜瓜生产存在的问题与生产发展展望

（一）发展观念的转变问题

长期以来，在农产品供不应求和人民生活水平尚未达到小康的情况下，扩大甜瓜生产面积、提高产量确实可以增加农民收入和满足市场需求，故而把它作为种植业发展的重要指标。但是，在进入市场经济时期，农产品的产销已基本平衡甚至供大于求，加之人们生活水平不断提高，在此情况下，单一的商品数量增加已无法代替产业的真实发展。因此，甜瓜发展的观念必须改变，要从数量观念转变为效益观念、质量观念；农民生产讲效益，市场供应讲质量。增加生产效益和提高

商品质量，已成为种植业结构调整中发展农业的中心内容。结合行业实际，今后甜瓜产业的发展，应该主要包括提高瓜农收入、改进商品瓜质量以及合理调整生产布局，充分发挥区域比较优势3个方面的内容。

(二)甜瓜生产布局的合理调整与不同栽培方式的适当搭配问题

20世纪80年代以前各地的甜瓜生产均为露地栽培，属较低水平上的生态型模式；而20世纪80年代以后，东部地区保护地甜瓜的推广发展，改变了我国传统的甜瓜生产格局。90年代后期，我国的农业结构开始进行较大的调整，甜瓜作物在调整中也出现了一些新情况和新问题，如有些地方未能按“以销定产”的原则生产，而出现盲目扩大面积。此外，在甜瓜发展中有重保护地栽培轻露地栽培、重厚皮甜瓜轻薄皮甜瓜以及保护地栽培中重大棚轻小棚等倾向。从总的现代化生产发展模式来看，我国的甜瓜生产应该主要学习美国的生态型现代化生产模式，重点推进各个适宜地区的露地栽培方式；同时，也应参照日本的集约型现代化生产模式，因时因地适当发展一些不同的保护地栽培方式。哈密瓜在国内外市场上占有明显优势，新疆的生态条件又十分优越，因此，随着经济的发展、交通运输条件的改进以及贮藏保鲜技术的提高，今后新疆哈密瓜的露地栽培应予以大力发展，以充分发挥其区域比较优势。甘肃、宁夏、内蒙古等地的中早熟厚皮甜瓜的露地栽培和小拱棚栽培面积，应掌握稳中有升的原则逐步发展。东部地区的薄皮甜瓜露地栽培面积，应掌握稳中有降、适当压缩的原则，但是薄皮甜瓜大小棚栽培面积应以市场为导向适度扩大；而东部地区的厚皮甜瓜保护地栽培面积目前已接近饱和，因此不宜盲目扩大，但在品种和栽培方式上可以适当调整。光皮早熟型厚皮甜瓜的小拱棚栽培方式的比例应该增加,日光温室和大棚栽培的厚皮甜瓜高档品种应该逐步扩大。有条件的单位,可以仿照日本少量发展一些现代化温室的高档网纹甜瓜生产。海南南部、珠江三角洲地区以及大城市郊区、经济发达地区,可以适当发展一些优质哈密瓜的温室有机生态型无土栽培生产,以满足市场发展的特殊需要。

(三)甜瓜品种的改良问题

提高农产品的商品质量,已成为当前农业发展的中心内容。商品瓜质量的提高,主要依靠改良品种和改进栽培技术两方面的工作。当前,甜瓜生产品种存在多、杂、乱的现象,真正名副其实的外观美、含糖高、口感好、品质优的品种不多,品种花色也不丰富,同类模仿重复的品种比较盛行,而独创性的特色品种很少;同时,也缺乏适于不同地区不同栽培方式的专用品种、抗病品种等。随着市场经济的发展和科学技术的进步,我国的甜瓜品种正向优质化、多样化、专用化、抗病性强等方向逐步发展,因此有待于各科研育种单位大力加强以上适应各种需要的新品种的选育。

(四)栽培技术的改进问题

我国甜瓜的栽培技术较之以前有了一定的改进,但与现代化商品生产要求还有一定差距。首先是生产过程中没有实现栽培技术的规范化、模式化,因此生产出来的商品瓜大小、成熟度、品质不一,从而无法适应市场需要商品标准化的要求,这种不规范的商品瓜,缺乏市场竞争力,经济效益差;其次,栽培技术未能实现科学化,一般施肥都未实行测土施肥,病虫害防治未能根据科学预测预报进行综合防治和科学用药,浇水灌溉大多沿用比较落后的沟灌、畦灌方式,而很少采用国外已经广泛采用的滴灌方式，激素利用也存在有盲目乱用的问题。第三，在栽培技术上，瓜农习惯于追求单纯的增产增收途径而忽视对商品瓜质量的提高，如各地提倡推广的密植、一株多果、多次采收等技术措施都对商品瓜质量有一定的影响，常导致果实发育不充分、大小不一、商品率低。第四，随着经济的发展，农村劳动力大量往城市转移，农业劳动力逐渐减少，这个问题在大城市郊区和经济发达地区尤为突出，从而长期采用的传统的劳动密集型精耕细作栽培方式已不适应发展需要。因此，要加速研究、推广科学的省力栽培技术，以达到既可节约大量劳动力又能确保优质高效的目的。第五，为了适应人们日益增长的食品保健意识，应切实加强研究推广甜瓜的无公害栽培技术，在病虫害防治上应尽量减少对化学农药的依赖，积极提倡各种非化学防治措施，如农业防治、综合防治、生物防治，推广嫁接技术和抗病品种等。无公害的优质商品瓜生产是今后甜瓜栽培发展的必然趋势。由此可见，栽培技术不科学，商品瓜质量就难以提高。

(五)关于甜瓜生产的产业化发展问题

甜瓜与其他农产品一样，存在的个体小生产与流通大市场的矛盾没有得到根本解决。近年来，随着市场经济的发展，甜瓜的产销结合有所改善，甜瓜的产业化发展开始起步，而产业化必须实行规模化生产，才能做到产销紧密结合。各地瓜区在实践探索中找出了几种产销有效结合的经济实体形式。第一种形式是把瓜农组织起来，以村、乡为单位成立甜瓜协会或甜瓜生产销售联合体，实行统一产销；第二种形式是由专业大户承包，少则六七公顷，多则十几公顷，实行个体规模产销；第三种形式是由经济实力大、经营理念强的公司加农户实行订单式农业的产销联合体。凡是以上 3 种形式运用得好的，均可取得良好的效果。究竟应该采用哪种形式，各地可以结合实际情况试行。

第二章　甜瓜品种的选择

一、甜瓜品种选择与购种上存在的误区

甜瓜是古老的园艺作物，在国内外广泛种植，是人们普遍喜欢食用的重要夏季水果。近十几年来，由于市场的需求不断扩大和变化，甜瓜种植的比较效益良好，因此甜瓜生产得到了很快的发展，这样也就促进了甜瓜新品种的大量推出和快速更新。众多的甜瓜品种，一方面为生产者提供了广阔的选择余地，另一方面也迷惑了生产者：到底什么才是好品种呢？面对众多的甜瓜品种，生产者在选择品种时存在的误区主要有以下几个方面。

（一）未全面了解品种的特性，盲目选择

再好的品种都有它的局限性和各自的特点，仅仅把品种说明书上的全生育期、糖度、产量等性状描述作为选择品种的依据是不科学的。比如，在生育期问题上，同一个品种在不同的栽培季节和不同的地区种植时，生育期相差很大，有的相差达十几天；在品质问题上，一般品种介绍时都是果实中心糖含量一个指标，但是与口感密切相关的还有果实边糖、中边糖梯度以及香味、肉质、汁液含量多少等指标，中心糖含量高不一定就代表品种品质、味道好。所以对初步选中的品种，应全面了解该品种的优势和不足之处。

（二）未根据本地实际情况选择品种

首先，由于我国气候差异大，各个地区适宜露地种植的甜

瓜种类有很大的不同；其次，我国各地的经济发展不同，生产条件差别较大，有一次性投资较大的温室和大棚，有较经济的小拱棚，还有广泛应用的地膜覆盖，以上不同栽培方式适用的品种各不相同。因此如果不按规律选择品种，轻则难以获得好效益，重则导致栽培失败。如干旱的西北地区种植耐湿的薄皮甜瓜，那就扬短避长了。如大棚选用没有突出优点的中晚熟品种，就达不到最大的经济效益；重茬大棚栽培不注重选择抗病性较强的品种；早熟栽培没有选择耐低温性突出的品种等，这些都是走入误区的表现。

（三）盲目追求外来品种

改革开放以来，我国东部地区保护地试种栽培厚皮甜瓜获得成功，效益较好，发展很快。在开始阶段，日本、我国台湾地区、韩国等外来品种占据了绝对优势，对推动当时我国东部地区厚皮甜瓜的推广发展发挥了重要作用。但是经过国内育种家 20 多年的努力，育种水平有了很大提高，不仅选育出了几个主要外来优良品种（如日本的伊丽莎白、西薄洛托和韩国的金满地等）的同类型同水平品种外，同时也育出了一些适合我国国情的新品种，如抗逆性突出、适应性强的保护地与露地兼用的早熟品种玉金香、中甜一号，高品质品种一品红，以及适于华南地区保护地无土栽培的哈密瓜优质中熟品种 9818 和珍奇品种酸甜瓜（即风味甜瓜）等。因此，品种的选择余地很大，不必单纯地追求外来品种，对于外来品种，应本着“为我所用”的原则，通过积极引进、吸收消化逐步推广开发，一旦国内育成同类型同水平品种时，就应提倡采用国内品种以便代替价格昂贵的进口种子；除了选用外来优良品种外，也可以选用国内其他优良品种，不要盲目追求外来品种。

（四）品种选择走两个极端

一个极端是单纯求新求异，只选用本地没有种过的新品种，以期求得高效益，但是，往往由于对该品种和适应性和适销性情况不了解就盲目求新，风险太大，增效无把握，甚至遭到失败或减效后果。另一个极端是保守不求新，只种老品种，只种大路品种，这样虽然风险小，比较稳妥，但很难获得较高经济效益。因此，采用科学的求新选择方法，才是稳妥有效的增效途径。

（五）随意购买非法种子

在信息比较闭塞和经济条件比较落后的地区，有些瓜农往往贪图便宜，不问品种好坏和种子优劣，随意购买走村串户的非法个体种子商的廉价种子，这样做极易招致因小失大，因品种和种子伪劣而种植失败或严重减产减收。

二、我国甜瓜栽培品种的实用分类

甜瓜是一种类型非常丰富、品种十分繁多的园艺作物。学术界对甜瓜植物的分类，前人有过多种方法，但至今未见统一。我国林德佩教授综合了国外专家的多种观点，把甜瓜植物按系统分类划分为 1 个种、5 个亚种和 8 个变种，这是植物学分类方法，学术性强，只见于分类研究和教科书中。在上述 5 个亚种中只有 2 个亚种（薄皮甜瓜亚种和厚皮甜瓜亚种）中的各个变种及其品种在国内外甜瓜生产中有广泛应用，其他 3 个亚种未见生产。

甜瓜栽培品种的分类，国内外没有一个公认的统一标准。各原产地国家的传统甜瓜栽培品种主要是原产类型品种，如原产于西亚（土耳其）的粗皮甜瓜类、卡沙巴类厚皮甜瓜品种，原产于中亚(伊朗、阿富汗、土库曼、乌兹别克、中国新疆等)的中亚类厚皮甜瓜品种(又可分为早熟的瓜旦类品种和中晚熟的哈密瓜类品种)以及原产于我国的薄皮甜瓜类品种。欧美国家的甜瓜栽培品种,虽然品种数量较多,但品种类型很少,比较单一,因此分类比较简单。例如,欧洲国家的甜瓜栽培品种几乎均属单一的粗皮甜瓜类品种;而美国也只有粗皮甜瓜类(商品名 Cantalupes)和属卡沙巴变种的蜜露(即 honeydew,在中国称白兰瓜)两类品种;俄罗斯与乌克兰的甜瓜栽培品种以中亚瓜旦类品种为主。第二次世界大战后,日本、韩国与我国台湾地区在传统栽培品种薄皮甜瓜的基础上,逐步发展扩大各种类型的厚皮甜瓜新型品种,他们把这些厚皮甜瓜统称为"西洋甜瓜"或"洋香瓜",以区别于原产于中国的薄皮甜瓜(亦称东方甜瓜或中国甜瓜)。

我国幅员辽阔、气候类型多样,因此,世界上各种类型的甜瓜栽培品种均可在我国不同地区种植。传统的地方品种在我国东部季风气候大区内广泛种植,主要集中在华北、东北和长江中下游地区,是原产于我国的薄皮甜瓜类品种。这类品种耐湿性强、熟性早,花色多样、丰富,但品种间无明显的生态类型差别,主要只有外观特征上的区别,但不同栽培区的品种间存在有一定的适应性差别,这一点在引种时应加以注意。在西北干旱气候地区内,长期以来传统种植的厚皮甜瓜品种主要是新疆的中晚熟哈密瓜品种和早熟瓜旦类品种以及甘肃的白兰瓜类品种三大类品种。新中国建立以后,近 30 年内基本上都是一直种植这 3 类品种,其他还有少量地方品种如醉瓜等,但栽培面积很小。

改革开放以后,先后从日本和我国台湾地区引进了一些熟性较早、适应性较好的厚皮甜瓜新品种(通称西洋甜瓜或洋香瓜），在东部地区保护地内种植后，表现很好、效益较高，推广发展很快。为了适应生产和市场发展需要，我国各地的甜瓜育种工作者经过20多年的不懈努力，先后培育出一大批适于东部地区保护地栽培的厚皮甜瓜各类新品种，这类品种是目前国内甜瓜品种中类型和品种数量最多的一类品种。

薄皮甜瓜与厚皮甜瓜是生态型截然不同的两类品种，如前所述，它们适宜栽培的地区和栽培方式也截然不同。我国的薄皮甜瓜品种虽然很多，但品种间的生态类型差别不明显，因此它们适宜栽培的地区和栽培方式基本类同。但是厚皮甜瓜则类型多、差别大、适宜的栽培区与栽培方式大不相同，因此，在介绍品种时如果只笼统地介绍为厚皮甜瓜品种，则易于误导瓜农而造成生产损失。为此，我们根据目前我国各地甜瓜栽培品种的现状，初步提出以下实用性分类，供各地瓜农在引种和选择品种时参考（表2）。

表2　我国甜瓜栽培品种实用分类表

品种类别		品种特点	代表品种	适应地区与栽培方式
生态类型	实用栽培类型			
薄皮甜瓜	一般多根据皮色特点分为白皮、黄皮、花皮、绿皮等品种群	果型较小，皮薄不耐贮，熟性早，耐湿，抗病性强，对光照要求不严，适应性广，是我国东部季风农业气候大区内我国甜瓜品种中面积最大、分布最广的一类品种	白沙蜜、龙甜一号、黄金瓜、梨瓜、华南108等	主要适于东部地区露地栽培，也可以进行大、小棚早熟栽培

续表 2

品种类别		品种特点	代表品种	适应地区与栽培方式
生态类型	实用栽培类型			
厚皮甜瓜	特早熟薄皮甜瓜型品种	具有薄皮甜瓜的特性，其特点是适于东部地区栽培的厚皮甜瓜最早熟的品种	中甜一号、丰甜一号等	主要适于东部地区中小棚爬地栽培，有条件的亦可露地栽培
	光皮类早熟品种	是适于东部地区栽培的厚皮甜瓜，外观美、品质优，成熟早的优质品种	伊丽莎白、西薄洛托、状元、中甜二号等	主要适于在东部地区大棚立式栽培，有条件的亦可小棚爬地栽培
	其他类早熟和早中熟品种（包括网纹和半网纹品种）	是适于东部地区栽培的厚皮甜瓜，品质优，产量较高，熟性稍迟，具有不同商品外观特点的品种	玉金香、迎春、一品红、蜜华、海蜜一号、网络时代等	主要适于东部地区大棚立式栽培，有的品种可在西北地区露地栽培
	瓜旦类品种	要求有大陆性干旱气候条件，果型较小、不耐贮运，成熟早	黄旦子、铁旦子、河套蜜瓜、黄醉仙等	主要适于西北地区露地和小拱棚栽培，部分品种可在东部地区大棚栽培

续表 2

品种类别		品种特点	代表品种	适应地区与栽培方式
生态类型	实用栽培类型			
厚皮甜瓜	白兰瓜类品种	要求有大陆性气候条件,中熟,较耐贮运	大暑白兰瓜、黄河蜜等	适于西北地区露地栽培,有的品种可在东部地区大棚栽培
	哈密瓜类品种	要求有典型的大陆性干旱气候条件,果型大、品质优、极耐贮运,适于长途远销,适应性比较窄	红心脆、皇后、卡拉克赛(伽师瓜)、新蜜杂7号、金凤凰、9818等	主要适于在新疆露地中晚熟栽培,有些中熟优质新品种适于在东部地区大棚温室无土栽培

三、怎样选择甜瓜品种

任何一个好品种绝不是万能的和十全十美的,也绝不可能是一个放之四海而皆准的优良品种。不同品种对不同生态环境条件的适应性是不一样的,由于对生产栽培适应性的不同,因此不同栽培地区、不同栽培方式以及不同栽培季节的适用品种也就大不相同。此外,由于各地的消费习惯不同,不同消费群体的需求爱好不同、用途不同以及开发经销效益的不同,从而造成了市场适销性的不同。

(一)生产栽培的适应性问题

1. 不同地区选择的品种不同 由于品种的生态类型不同,所以在露地条件下,不同品种的适应地区也就不一样。原产于气候条件比较湿润的东亚地区的薄皮甜瓜,耐湿、耐阴、抗病性较强,对光照条件要求不严,地区适应性很广,因此在我国各地均可露地种植,但最适于在有明显雨季的东部季风农业气候大区内栽培;而原产于气候条件比较干燥的西亚、中亚的厚皮甜瓜,喜光、喜温、好干燥、不耐阴湿,适应范围较窄,在我国只适于在有大陆性气候特点的西北干旱地区种植,而不适于在东部季风农业气候大区内栽培,因而东部地区种植时,由于阴雨多湿而病多病重,品质差,产量低,难于种好。薄皮甜瓜在西北地区不是不能种而是不适合种,因其与厚皮甜瓜相比,瓜个小,产量低,皮薄不耐运,品质不如厚皮甜瓜。西北干旱地区的范围很广,生态条件差别很大,对厚皮甜瓜来说,新疆地区的生态条件最理想,那里雨水极少、光照强、温差大,是我国最典型的大陆性气候地区,同时适于厚皮甜瓜栽培季节长的特点。各种类型的厚皮甜瓜品种都可以在新疆进行露地栽培,但比较种植效益最高的是中亚型哈密瓜类中的晚熟品种,因为这类品种的瓜型大、产量高、品质优,耐贮运性强。为了满足国内外市场的大量需求,应大力发展这类品种而形成自己的特色优势;至于中亚型瓜蛋类早熟品种只是为了满足当地早期市场的需要才安排少量种植,面积不是很大;其他早熟类厚皮甜瓜品种虽然在新疆均可种植,但可能是比较效益差,故至今未见有在生产上推广应用。新疆以外的其他西北干旱省(自治区),由于它们的生态条件不如新疆,适于厚皮甜瓜生长的季节比较短,所以只适于种植早熟类厚皮甜瓜品种,如铁旦子、河套蜜瓜、玉金香、黄河蜜等。近年来,哈密瓜的中熟品种也有在这个地区推广应用的。此外，还有一些小气候条件比较特殊的地区，如海南省南部地区、云南省西双版纳地区、我国台湾省南部地区等热带亚热带旱季（秋、冬季节）也可进行露地种植厚皮甜瓜早熟类品种。

2. 不同栽培方式选择的品种不同 目前，我国各地的甜瓜栽培方式除露地栽培（实际为地膜覆盖栽培）外，还有迅速发展起来的各种形式的保护地栽培，主要包括小拱棚、大棚（大棚、中棚、日光温室）、加温温室、无土栽培等。露地栽培的选择，如前所述，不同生态类的栽培区应选用同生态类的对口品种，东部地区露地栽培只能选用薄皮甜瓜品种，极早熟的薄皮甜瓜型厚皮甜瓜品种中有的品种也能露地种植；西北地区厚皮、薄皮甜瓜均可种植，新疆以种植哈密瓜中晚熟品种的效益最好，甘肃、宁夏和内蒙古河套地区露地栽培适于种植早熟或中早熟类厚皮甜瓜品种。保护地栽培是在人工创造的气候环境条件下进行的保护栽培，它对品种的选择要求，虽然不像露地栽培那样严格，但是外界气候条件的影响仍然很大，而对市场需求和经济效益则尤为重要。如冬春茬的大棚和日光温室栽培的甜瓜，其生长前期是处在全年气温最低的寒冬季节，室外的低温弱光条件影响到室内甜瓜的正常生长，所以要求选择耐低温耐弱光的品种。此外，冬春茬栽培属特早熟栽培，上市商品价格高，价格日变化大，因此多选用价值较高的早熟品种。华北地区和长江中下游地区均选用外观美、品质优、价值较高的伊丽莎白、西薄洛托等光皮类厚皮甜瓜早熟品种。东北地区薄皮甜瓜的市场信誉好，因此采用优质薄皮甜瓜品种同样也能取得经济高效。一般春茬大（中）棚和小棚栽培，生长季节比冬春茬稍晚，对品种同样要求选择较耐低温和弱光的早熟品种，但没有冬春茬那么严格，除了上述光皮类厚皮甜瓜早熟品种外，还可以选用中甜一号等薄皮甜瓜型极早熟厚皮甜瓜品种和薄皮甜瓜优良早熟品种。加温温室栽培与大棚温室无土栽培的设施条件好、投资大、成本高，各类品种均可种植，但以选用档次高、价值高的哈密瓜优质中熟新品种和网纹品种为最合适。

3. 不同栽培季节选择的品种不同 甜瓜露地栽培一般各地均为春播夏收栽培，没有秋作或冬作栽培，但是属于热带区的海南南部和云南西双版纳地区则例外，在这两个地区可以进行生长季节内温度由高到低的反季节栽培。春作栽培对品种的选择要求不太严格，生产上春作栽培可以分为早、中、晚熟的不同熟性栽培，这在新疆的厚皮甜瓜生产上表现得十分典型，早熟栽培时选用早熟的黄旦子品种，中熟栽培时则选用皇后、红心脆等哈密瓜早熟冬瓜类品种，晚熟栽培时就选用青麻皮、伽师瓜、哈密瓜等晚熟冬瓜类品种。大棚、温室栽培则各地普遍均有春作(包括冬播春末初夏收和春播夏收)的正常季节栽培与秋作的反季节栽培两类，二者选择品种的标准和要求不同，春作栽培一般均选用较耐低温弱光而熟性较早的市场适销品种，而秋作栽培则应选用耐高温、抗病(主要耐病毒病)、易坐果、不易出现果实畸形和转熟较快的品种，因此秋作栽培选择品种应慎重，要在种子包装袋上明确标明是秋作专用品种才可。

(二)市场的适销性问题

1. 不同用途选择的品种不同 所有的薄皮甜瓜品种和大多数厚皮甜瓜品种都是供鲜食用，但哈密瓜可以加工成哈密瓜干、哈密瓜汁以及其他加工产品。加工用的品种应选用果肉细、肉厚、肉色一致(以白色为多)含糖量高的品种。鲜食用的品种应根据不同情况进行不同选择，就地就近销售的应主要考虑选用优质品种，耐贮运性可以不考虑，各种薄皮甜瓜品种和优质厚皮甜瓜品种均可选用。但是长途远销的一定要选用肉质致密、果皮厚硬的优质厚皮甜瓜品种。采用纸箱包装的，也可以采用耐贮运性稍差的优质品种。一般小家庭食用和旅行用的甜瓜，以选用果型较小的优质品种为宜；饭店、宾馆用的甜瓜，以选用优质大果型品种居多，以便于切块供应旅客和就餐者；作礼品赠送亲友用的甜瓜，以选用外观美、品质优的品种为好；用作观光农业的甜瓜，宜选用外观美、花色多样的品种。

2. 消费习惯不同 经济效益不同，选择的品种也不同。各地长期形成的消费习惯常不相同，个人爱好习惯也不一样。有的人喜欢脆肉型品种，而有的人则爱好软肉型品种；有的地方习惯经销黄皮品种，而有的地方白皮品种好销；有的人喜欢外观美的光皮品种，而有的人则更爱好网纹品种。生产者应根据当地消费习惯和满足大多数人的爱好，选好相应的不同对口品种。由于种植不同类型品种的经济效益有差别，瓜农一般均应选用经济效益好的品种。例如，大棚春作栽培多选用成熟早、品质优、外观美的光皮早熟厚皮甜瓜优良品种，中早熟和中熟品种虽然也能种，产量也较高，但上市晚、经济效益不如早熟品种好，因此选用比较少；无土栽培，则选用高档哈密瓜类优质新品种的效益最好。此外，新疆露地栽培厚皮甜瓜的比较经济效益以哈密瓜中熟和中晚熟品种为最好，因此其他类型的厚皮甜瓜品种在新疆种植很少，甚至不种，薄皮甜瓜就更不种植了。

综上所述，在选择甜瓜品种时要注意以下几个问题。

第一，要认清当地是属于哪个栽培区域，原则上东部（季风气候）地区和西北部（干旱气候）地区的品种不能互换种植，东部地区应选用适合东部地区的薄皮甜瓜品种、薄皮型厚皮甜瓜早熟品种，西部地区则适用适合西部地区各类不同熟性的厚皮甜瓜品种。薄皮甜瓜品种南北方引种要慎重。

第二，根据采用哪种栽培方式（主要是东部地区）去选择品种，露地栽培与保护地栽培选择的品种范围是不同的，大棚、日光温室以选用适于东部地区的厚皮甜瓜早熟品种为主，温室无土栽培以选用优质高档的中熟哈密瓜新品种和网纹品种为宜；选择不正确就很容易导致栽培失败或效益不好。

第三，根据市场需求确定选用哪种果形外观的品种，何时成熟上市效益最好，确定好栽培季节。

第四，根据确定好的栽培季节和品种，早熟栽培的要选择生育期短的早熟品种；打算在国庆节、中秋节左右成熟上市的，则应选择适合反季节栽培的品种。

另外，如果需要较长距离运输的，要注意选择果皮较硬、果肉致密的脆肉型品种，软肉类型品种一般不耐贮运；销往经济发达地区的，要把品质优良作为选择品种的首要条件。

四、甜瓜优良品种介绍

（一）薄皮甜瓜品种

这类品种主要在东部地区南北露地栽培上广泛应用，有条件的亦可进行大小棚早熟栽培。

1. 白沙蜜

系东北农家品种。由河南临颍县种子公司从中系选育成。1990 年经河南省农作物品种审定委员会认定。早中熟种，全生育期 80 天左右，果实发育期 30～32 天，生长势较强。果实高圆形，果皮光滑，外形美观，成熟时瓜皮为乳白色，肉脆味甜，折光糖含量为 12%～13%。皮较硬，不易裂果，较耐贮运。单瓜重0.4～0.6千克。每667平方米产2 500～3 000千克。是目前河南、山西等地种植面积较大的薄皮甜瓜品种。

2. 龙甜一号

黑龙江省农业科学院园艺研究所从地方品种五楼供中系统选育而成的早熟优良品种。生育期70～80天。果实近圆形,幼果呈绿色,成熟时转为黄白色。果面平滑有光泽,有10条纵沟。平均单瓜重0.5千克。果肉黄白色,肉厚2～2.5厘米,质地细脆,味香甜。折光糖含量为12%,高的达17%,品质上等。单株结瓜3～5个,每667平方米产2 000～2 300千克。是当前黑龙江、吉林、辽宁3省的主栽品种,山西、天津、山东、内蒙古等地也有大面积栽培,栽培面积达3.3万公顷以上,是当今我国种植面积最大的薄皮甜瓜品种之一。

3. 齐甜一号

由黑龙江省齐齐哈尔市蔬菜研究所培育的早熟优良品种。生育期75～85天。果实长梨形,幼果绿色,成熟时转为绿白色或黄白色。果面有浅沟,果柄不脱落。单瓜重0.3千克左右。果肉绿白色,瓤浅粉色,肉厚1.9厘米,肉质脆甜,浓香适口。折光糖含量为13.5%,高的达16%。

4. 黄金瓜

江浙一带的古老地方品种。早熟种,全生育期约75天。果实圆筒形,先端稍大,果形指数为1.4～1.5。单瓜重0.4～0.5千克。皮色金黄,表面平滑,近脐处具不明显浅沟,脐小,皮薄。果肉白色,肉厚2厘米,品质脆、细,折光糖含量为12%。较耐贮运,抗热,抗湿。该品种性状与台湾农友种苗公司育成的金辉以及从日本引进的金太郎基本相似。

5. 梨瓜

属中熟种。全生育期约90天。果实扁圆或圆形,顶部稍大，光皮。单瓜重 0.35～0.6 千克。白皮白肉，肉厚 2～2.5 厘米，质脆味甜，风味似雪梨，折光糖含量为 12%～13%。其主产地为江西、浙江、江苏等省。

6. 华南 108

为湖南省农业科学院园艺研究所从广东引进、试验繁殖推广的品种。中熟种，全生育期约 90 天。果实扁圆形，顶端稍大，果脐大，脐部大，脐部有 10 条放射性短浅沟。果皮白绿色，成熟时转白带微黄色，果面光滑。单瓜重 0.5～0.7 千克。果肉白绿色，肉厚 1.8 厘米，肉质沙、脆适中，带蜜糖味，香甜可口。折光糖含量为 13%，高的达 16%。适应性广。耐贮运。是目前南方地区种植面积较大的薄皮甜瓜品种。

7. 清　甜

由中国农业科学院郑州果树研究所选育。果实圆梨形，成熟时绿皮上有黄晕，果肉绿色，果实整齐度好，商品率高，不裂瓜。单瓜重 0.5～1 千克。折光糖含量为 15%以上，口感清香脆甜，果皮较韧。在薄皮甜瓜中属于耐贮运品种，且具有耐湿、抗病性强、耐瘠薄等薄皮甜瓜所具有的突出优点。

8. 玉美人

由吉林省通化市种子总站、长春一间堡蜜世界甜瓜研究所、公主岭市绿野农业技术开发研究所合作育成。全生育期 65 天左右。果实长圆形，幼果墨绿色，成熟时转为黄白色。平均单瓜重 0.4～0.6 千克。质地细脆，口感好，折光糖含量为 14%～17%。单株结瓜 3～4 个。不易裂瓜，不倒瓤，耐运输，耐低温弱光性好。

9. 王　海

为河南著名的高糖地方品种。中熟种，全生育期约 90 天。果实圆筒形。平均单瓜重 0.6 千克。深绿果皮，具 10 条淡黄色浅纵沟，果脐大。果肉白色，肉厚 2 厘米，质地细脆，多汁味甜，浓香。折光糖含量为 12%～15%，最高的达 17%。风味好，品质上等，耐贮运。在江淮以北各地有种植。

10. 海冬青

为上海郊区优良地方品种。中熟偏晚，全生育期 90 多天。果实长卵形，果形指数为 1.5 左右。单瓜重约 0.5 千克。灰绿果皮，间有白斑，果面光滑，脐小。果肉绿色，肉厚 2 厘米，味甜质脆，折光糖含量为 10%以上，品质优良。上海市嘉定区及浙江省湖州、宁波市有种植。

11. 金塔寺

为甘肃省兰州市地方品种。中晚熟，在兰州生育期为 90～100 天。果实卵圆形，平均单瓜重约 0.5 千克。灰绿果皮，成熟后有黄晕。果脐大而突起，近脐部有 10 条纵沟。果肉浅绿色，皮薄质脆，汁多味甜，微香，折光糖含量为 10%左右。甘肃兰州、金塔、张掖、武威等地有种植。

12. 益都银瓜

山东省农作物品种审定委员会于 1983 年认定为我国著名的薄皮甜瓜品种。生产中有大银瓜、小银瓜、火银瓜、半月白之分，而以大银瓜种植面积最大，火银瓜品质最佳。大银瓜属中熟品种，全生育期约 90 天，果实发育期 30～32 天。果实圆筒形，顶端稍大，中部果面略有棱状突起。单瓜重 0.6～2 千克。果皮白色或黄色，白肉。肉厚 2～3.5 厘米，果肉细嫩脆甜，清香，折光糖含量为 10%～13%。火银瓜折光糖含量可达 13%以上。品质优。较抗枯萎病，丰产性好。每 667 平方米产量 2 000～2 500 千克。但不耐贮运。栽培条件较为严格。

13. 白兔娃

为中熟种，全生育期约90天，果实发育期33～35天。果实长圆筒形，蒂部稍小，果皮白色或微带黄绿色，果面较平滑。单瓜重0.4～0.8千克。果肉白色，肉厚2厘米，质脆，过熟则变软，果柄自然脱落。折光糖含量为13%，在陕西汉中有一定的栽培面积。

14. 银　辉

由台湾农友种苗公司育成。早熟种，全生育期约78天。果实略呈扁圆，果皮绿白色，单瓜重0.4千克左右。果肉淡绿白色，肉质松脆细嫩，折光糖含量为13%～17%。果柄不易脱落，不易裂果。是我国台湾地区栽培面积较大的薄皮甜瓜品种，在大陆也有栽培。

15. 日本甜宝

从日本引进的品种。单果重400～450克。果实圆球形，果肉白色，成熟时果皮由绿变黄。折光糖含量为17%，品质极优，香甜可口。

此外，还有黑龙江省园艺研究所的龙甜四号与龙甜雪冠、齐齐哈尔市永和甜瓜经济作物研究所的永和3号、永和4号，安徽省合肥市江淮园艺研究所的白美丽、新辉，长春大富农种苗公司的甜瓜王子二号，北京梅亚集团的富甜一号、陕西千普农业开发公司的陕甜一号，甘肃河西瓜菜研究所的玉华、华宝等。

(二)厚皮甜瓜薄皮甜瓜型特早熟品种

这类品种与薄皮甜瓜相近，主要用于东部地区大、小棚栽培。有条件的，亦可进行露地栽培。

1. 中甜一号、翠玉、金帅

为中国农业科学院郑州果树研究所培育的薄皮甜瓜型极

早熟厚皮甜瓜品种。

(1)中甜一号　全生育期85～88天,果实长椭圆形,果皮黄色,上有10条银白色纵沟。果肉白色,肉厚3.1厘米,肉质细脆爽口,折光糖含量为13.5%～15.5%。单瓜重0.8～1.2千克。每667平方米产量2 500～3 500千克。子蔓、孙蔓均可结果。耐贮运性好,抗病性强,适应性极广。适于露地地膜覆盖、小拱棚、大棚及日光温室保护地栽培,也可进行秋季反季节栽培。

(2)翠玉　早熟种,花后30天左右成熟。果实椭圆形,绿皮,果肉翡翠绿色,肉厚3.5厘米左右,折光糖含量为14.5%～17.5%。单瓜重0.8～1.7千克。抗逆性强,耐贮运。为露地保护地兼用品种。

(3)金帅　为保护地、露地兼用的极早熟而丰产的品种。全生育期80～88天。果实长椭圆形,果皮黄色,果肉白色有浅红晕,充分成熟后果肉为浅红色,肉厚3.2厘米左右,折光糖含量为13.5%～15.5%,肉质细脆爽口。单瓜重1.2～2.5千克。一株结多果。

2. 丰甜一号

由安徽省合肥市种子公司选育。极早熟,全生育期80天,果实发育期28天。植株长势中等,子蔓、孙蔓均可坐果,以孙蔓坐果为主。果实椭圆形,果面上有10条银白色棱沟。成熟时果皮金黄色,果脐极小,外形美观。果肉白色、致密,肉厚3厘米,折光糖含量为14%左右。肉质清香纯正,脆甜爽口,单瓜重1千克。大棚、小拱棚、露地均可栽培。

此外,还有合肥江淮园艺研究所的黄子金玉、安徽屯玉种业公司的金童、安徽安生种子公司的安生甜太郎101、河北廊坊骄子种苗公司的金玉雪等。

(三)厚皮甜瓜光皮类早熟品种

1. 伊丽莎白

从日本引进的早熟厚皮甜瓜杂交1代品种。该品种全生育期90天,果实发育期30天。果实光亮黄艳,单瓜重0.5～1千克。果实整齐,坐瓜一致。果肉白色,肉厚2.5～3厘米,肉软质细,多汁味甜,中心折光糖含量为13%～15%。种子黄白色,单株结瓜2～3个。本品种早熟性好,高产优质,适应性广,抗逆性较强,易于栽培。在河北、北京、山东等地栽培面积较大。

2. 西薄洛托

从日本引进的早熟厚皮甜瓜品种。果实发育期40天。植株长势前弱后强,结2～3次瓜的能力强,抗病力强。果实圆正、光滑,外形美观,白皮白肉,有香味,折光糖含量为16%～18%。单瓜重1.2千克左右。在山东、上海等地种植面积较大。适于日光温室和大棚栽培。

3. 状　元

我国台湾省农友种苗公司育成的厚皮甜瓜杂交1代种。该品种早熟,易结果,开花后40天左右成熟。成熟后果面呈金黄色。果实橄榄形,脐小。单瓜重1.5千克。果肉白色,靠腔部为淡橙色,折光糖含量为14%～16%,肉质细嫩,品质优良,果皮坚硬,不易裂果,但贮藏时间较长时有果肉发酵现象。本品种株型小,适于密植,低温下果实膨大良好。该品种在山东保护地内种植较多。适于日光温室和大棚栽培。

此外,还有北京市蔬菜研究中心的京玉1号、2号、3号,上海市农业科学院园艺研究所的明珠1号、2号等。

（四）厚皮甜瓜其他早熟和早中熟品种

1. 一品红、一品红二号（又名中甜二号）、众天雪红、网络时代、哈妹

均为中国农业科学院郑州果树研究所育成的厚皮甜瓜新品种。

（1）一品红　早熟大果型厚皮甜瓜，全生育期 105 天，坐瓜整齐一致。果实发育期 30～38 天。单瓜重 1.5～2.5 千克。果实高圆形，果形指数为 1.1 左右。果皮黄色，光皮，偶有稀网纹。果肉橙红色，腔小，果肉厚 4 厘米以上。折光糖含量为 13.5%～17%，具哈密瓜风味。果实成熟后不易落蒂。耐贮运性好，货架期长，常温下可存放 15 天以上外观品质不变。对肥力的要求较高。土壤肥力较高时，其品质和产量能得到充分表现。适于日光温室和大棚栽培。

（2）中甜二号　全生育期 110 天。果实椭圆形，果皮光亮金黄。果肉浅红色，肉厚 3.1～3.4 厘米，肉质松脆、爽口，香味浓郁。单瓜重 1.5 千克左右。折光糖含量为 14%～17%。耐贮运性好，抗病性强，坐瓜整齐一致。适于日光温室和大棚栽培。

（3）众天雪红　全生育期 110 天。外观靓丽，果实为椭圆形，果皮晶莹、细白，成熟后蒂部白里透粉，不落柄，果肉红色，成熟标志明显，不易导致生瓜上市。肉厚 4 厘米以上，口感松脆、甜美，折光糖含量为 14%～16%。单瓜重 1.5～2.3 千克。耐贮运。

（4）网络时代　全生育期 110～115 天。果实高圆形，果皮深灰绿色，上网早而且容易，网纹细密美观。果肉绿色，腔小，肉厚 4 厘米以上。折光糖含量为 15%以上，口感好，有清香味。单瓜重 1.5～2.3 千克。不落柄，货架期长。

(5)哈妹　为小果型哈密瓜类品种。全生育期110～115天。果实短椭圆形。果皮灰绿色覆有稀网，肉厚4厘米以上，折光糖含量为15%以上，口感细脆味美。单瓜重1.5～2.3千克。不落柄，货架期长。

2. 风味甜瓜二号、三号

均为新疆维吾尔自治区哈密瓜研究中心育成的具有特殊风味(酸味甜瓜)的厚皮甜瓜新品种。

(1)风味甜瓜二号　果实为扁形，果皮浅黄绿底深绿沟。单瓜重2千克。肉质细柔，甜酸风味好，折光糖含量为16.8%。抗病性强。

(2)风味甜瓜三号　为特早熟品种。果实发育期30天。果皮浅黄底浅沟稀网。单瓜重2千克。果肉质地细软，酸甜味好，折光糖含量为14%以上。抗病性强。

3. 玉金香、航天玉金香、脆红玉、红状元

均为甘肃省河西瓜菜研究所育成的厚皮甜瓜新品种。

(1)玉金香　为早熟种。全生育期85～95天，果实发育期40天。果实圆形或扁圆形，果皮乳黄白色，偶有网纹。单瓜重1千克。白肉，汁多，纤维少，质细，味甜，香气浓，折光糖含量为16%～18%。抗白粉病，耐霜霉病。大棚、小拱棚、露地均可栽培。

(2)航天玉金香　为早熟种。全生育期98天，果实发育期38天。果实高圆形，果皮乳黄白色，光滑美观。单瓜重1.2～1.5千克。白肉，肉质细，折光糖含量为17%～18%。香甜可口、品质优。

(3)脆红玉　果实短椭圆形，果皮玉白色，肉色浅橘红，脆甜可口，折光糖含量为16%。单瓜重2.2千克。耐贮运。丰产性强。

(4)红状元　全生育期95天，果实发育期35天。果实短椭圆形，果皮深黄色，肉色浅橘红，肉质细脆清甜，折光糖含量为16%。单瓜重1.2千克。

4. 金蜜、秋香、翠蜜、蜜世界、新世纪

均为我国台湾省农友种苗公司选育的洋香瓜优良品种。

(1)金蜜　为早熟种。果实高圆形，果皮为黄色光皮，白肉。单瓜重1.5千克。品质优，耐病耐贮运性强。

(2)秋香　早熟丰产，适于秋作栽培。果实高圆形，果皮黄色，有细网纹，肉浅橘红色。单瓜重1千克。耐病耐贮运性强。

(3)蜜翠　中熟种。果实高圆形，果皮为灰绿色，带有细密网纹，外观美，果肉脆、绿色，折光糖含量为15%～17%。单瓜重1.5千克。耐贮运，不易落蒂。

(4)蜜世界　果实微长球形。果皮淡白绿色至乳白色，果面光滑，但在湿度高或低节位结果时，果面偶有稀少网纹发生。单瓜重1.4～2千克。肉淡绿色，刚采收时肉质较硬，经数天后熟，果肉软化后，酥脆可口，其优良品质才得以表现。折光糖含量为14%～17%。低温结果能力强，开花至果实成熟需45～55天。果肉不易发酵，果蒂不易脱落。耐贮运。适宜冬、春保护地栽培。

(5)新世纪　植株生长健壮，抗病，耐低温，结果力强。果实橄榄形至椭圆形，成熟时果皮淡黄绿色，有稀疏网纹。单瓜重1.5千克。果肉厚，淡橙色，肉质脆嫩细致，折光糖含量为14%左右，风味佳，果皮较硬，果梗不易脱落，耐贮运。适于日光温室和大棚栽培。

5. 金　帝

由合肥丰乐种业公司育成。中熟种，果实发育期37～40

天。果实圆形，果皮光滑、金黄色，白肉，肉厚5厘米左右，肉质细脆，汁多味甜，折光糖含量为14%～17%。单瓜重2.5千克。皮韧耐贮运。抗病性较强。另外，该公司还育成了白皮红肉品种红妃。

6. 古拉巴

从日本八江农芸株式会社引进的早中熟厚皮甜瓜品种。果实发育期43天。果实圆球形，果皮白绿色，有透明感，绿肉，果肉厚，折光糖含量为16%～18%。耐贮运。单瓜重1.2千克左右。适宜大、小棚栽培。

7. 景甜一号

黑龙江省望奎县景丰公司培育的厚皮甜瓜杂交1代种。全生育期100～115天。果实椭梨形，果皮灰绿色，果肉绿色。肉厚3.3厘米，肉质细软爽口，口感好，折光糖含量为16%。单瓜重0.8～1.5千克。每667平方米产2 500～3 500千克。成熟后果实产生离层。子蔓、孙蔓均可结果。耐贮运性好。抗病性强，适应性广。适于露地地膜覆盖、小拱棚、大棚及日光温室保护地栽培，也可用于秋季反季节栽培。

8. 迎　春

又名黄皮大王。河北农业大学培育的厚皮甜瓜杂交1代种。大果型早熟品种，全生育期90天左右。果实圆形，光洁，深金黄色，美观、艳丽。单瓜重1.2～1.4千克。果肉厚约4厘米，种腔小，果肉蜜白色、细嫩多汁，平均折光糖含量为16%～18%，甘甜芳香。视生产条件，单株可留瓜2～3个。果实不脱把，耐贮运，无发酵现象。适于日光温室、大棚早熟立式栽培。

9. 海蜜一号

为中早熟品种。雌花开放到成熟约42天，全生育期为

110 天左右。单瓜重 1.1 千克。果实长椭圆形，果形指数为 1.3。果皮黄白色，有稀网纹，果肉厚 3.5 厘米，淡橙色，折光糖含量为 15%，肉质脆嫩、口感好。抗性好。适于华东地区保护地栽培。

此外，还有河北省廊坊市农林科学院的欣春、黄蜜大果，河北廊坊骄子种苗公司的骄雪 6 号、骄研 10 号，湖南省瓜类研究所（南湘公司）的雪峰蜜 2 号，岳阳市农业科学研究所的南蜜二号，兰州市种子管理站的香雪儿，天津市蔬菜研究所的蜜龙、翠龙，北京市农业技术推广站的京蜜 7 号、8 号。

以上（三）、（四）类厚皮甜瓜品种是东部地区保护地栽培的主导类型。

（五）厚皮甜瓜瓜旦类品种

1. 新疆黄旦子

为新疆厚皮甜瓜早熟品种，引自前苏联。全生育期75～85 天，果实发育期 33 天。果实近圆形，果皮金黄色，果肉白色或淡绿色，肉厚 3 厘米，肉质沙软，浓香，折光糖含量为 14%以上。单瓜重 0.75 千克。易落把，适应性较广。

2. 甘肃铁旦子

早熟种。全生育期 100 天，果实发育期 45 天。果实扁圆形，果皮绿色，成熟后转黄。近脐部及蒂部有细裂纹，果肉淡绿色近白色，肉厚 2.4 厘米，肉质软，清香，折光糖含量为 13%～14%以上。单瓜重 0.5 千克。

3. 河套蜜瓜

由内蒙古河套地区磴口县引入的黄蛋子类型瓜，经当地农民长期栽培选育而成的地方优良品种。早熟，全生育期 100 天左右，果实发育期 47 天。果实阔卵圆形。单瓜重 0.75 千克。果皮橙黄色，果面光滑，果肉淡绿色，适期成熟时肉质细而酥，折光糖含量为14%以上，浓香，甘甜，爽口。不耐贮运。抗枯萎病，但不抗炭疽病。

4. 黄醉仙、新黄醉仙、花醉仙、早醉仙

均为新疆园艺研究所和新疆哈密瓜研究中心先后育成的瓜旦类厚皮甜瓜新品种。

(1)黄醉仙　早熟，生育期77天，果实发育期35天。果实圆形或高圆形。单瓜重1.5千克。果面金黄色，网纹细密。果肉浅绿色，肉厚3.5厘米，肉质细软，汁液丰富，浓香宜人。折光糖含量为15%左右。易坐瓜，单株结瓜2～3个。一般每667平方米产量2 500～3 000千克。在新疆吐鲁番、鄯善、昌吉、呼图壁等地推广。

(2)新黄醉仙　全生育期75天，果实发育期37天。果实圆形，网纹较密，不落把。单瓜重1.5千克。肉质细稍软，浓香，品质好。

(3)花醉仙　全生育期66天，果实发育期38天。果实高圆形，皮色金黄，覆有花条。单瓜重1.5千克。白肉，肉质细软，清香，折光糖含量为15%以上。抗病性强。

(4)早醉仙　全生育期63天，果实发育期约30天。转色快，果实卵圆形，皮色黄底上覆有绿斑。单瓜重1.5千克。白肉，肉质细软，汁多、浓香。折光糖含量为15%以上，口感好。

(六)厚皮甜瓜白兰瓜类品种

1. 大暑白兰瓜

1994年从美国引入。先在兰州栽培，逐步扩大到靖远与河西各县，已有50多年的栽培历史，与原种比较有较大的变异。为晚熟种，在兰州全生育期为120天，果实发育期为45～50天。果实圆形。单瓜重1.5千克。果面洁白光滑，成熟后阴面呈乳白色，阳面微黄色，顶部与脐部略突起，果肉绿色，

肉厚 3～4 厘米，肉质软，汁液丰富，清香味美，折光糖含量为 14%，品质上乘。耐贮运。是甘肃省的外销品种、兰州市的主栽品种。

2. 黄河蜜

由甘肃农业大学瓜类研究所从白兰瓜变异中系选育成。生育期比白兰瓜早 10 天左右。果实圆形或长圆形，平均单瓜重 2.1 千克。果皮金黄色，光滑，美丽。果肉绿色或黄白色。肉质较紧，汁液中等。折光糖含量为 14.5%，最高的为 18%。已在甘肃产瓜区大面积种植，并在宁夏、内蒙古等地推广。

(七)厚皮甜瓜哈密瓜类品种

1. 红心脆

为新疆甜瓜中的王牌品种。全生育期 100～105 天，果实发育期 45～48 天。果实长卵形或长椭圆形，果形指数为 2.02，平均单瓜重为 3 千克。果皮灰绿色覆深绿色斑点，阴面浅黄色透红晕。果面略有棱，网纹粗稀布满全果。果肉浅橘红色，肉厚 3.2 厘米，肉质细嫩脆，蜜甜多汁，个别有土腥味，折光糖含量为 14.2%，最高的可达 18%，风味极佳，品质优良。较耐贮运，是新疆品质最优、出口长期不衰的品种。抗病性和适应性很差，对栽培条件要求高。商品瓜每 667 平方米产量不足1 000千克，每年种植面积只有 300～500 公顷，主要在吐鲁番、哈密盆地种植，销往我国香港及新加坡等地。

2. 皇后、新皇后

均为新疆维吾尔自治区农业科学院园艺研究所与新疆葡萄瓜果开发研究中心合作育成的哈密瓜优质中熟品种。

(1)皇后　全生育期 105 天，果实发育期 50 天。果实长棒形或长椭圆形，果形指数为 2.1，单瓜重 3.5～4 千克，果柄不脱落。果皮黄色，未成熟时带有绿色隐条，成熟后果面转变为艳丽的金黄色，网纹密布全果。果肉橘红色，肉厚 4 厘米，细脆爽口，汁液中等，折光糖含量为 15%以上。皮质硬韧耐贮运。单株结瓜 1～2 个。每 667 平方米产 3 000～4 000 千克。叶部病害较轻，对肥水要求高，果实膨大期如受旱，极易长成畸形瓜。因外观醒目，产量高，品质好，吐鲁番、哈密盆地及北疆商品瓜基地大面积种植，每年种植 2 000～2 667 公顷，重点销往广东等南方各省，商品名称为“金皇后”。

(2)新皇后　为早中熟种。果实发育期 35 天左右，全生育期 85～100 天，比皇后早熟 5～10 天。坐果节位较皇后低，一般在三蔓第四至第十节着生第一雌花。果实椭圆形，皮金黄色，皮色比皇后黄，全网纹，外观美，果肉橘红色，品质好，具果酸味，折光糖含量为 15%。单瓜重 3 千克，最大的达 5 千克。为露地、保护地栽培兼用品种。

3. 新密杂 7 号

由新疆维吾尔自治区农业科学院园艺研究所和哈密地区农业科技开发中心合作育成。生育期约 115 天，果实发育期 55 天。果实卵圆形或长椭圆形。平均单瓜重 3.5 千克。果柄不脱落。果面黄绿色，覆有深绿色条斑，网纹中粗，密布全果。果肉橘红色，肉厚 4 厘米，肉质松脆多汁，折光糖含量为 13%，品质中上。皮质较硬，耐贮运，适期采收常温下可存放 1 个月，9 月下旬采收可作冬贮。适应性好，产量高，一般每 667 平方米产量 3 000 千克以上。目前主要在哈密及北疆地区种植。该品种果实用于制罐头，效果较好。

4. 金凤凰、新红心脆、黄皮 9818、绿皮 9818

由新疆哈密瓜研究中心选育的哈密瓜优质中熟品种。

(1)金凤凰　为中熟品种。果实发育期 45 天。单瓜重 2.5～3 千克。果实椭圆形，果皮黄色，覆稀疏网纹。中心折光糖含量为15%，肉质松脆，口感蜜甜微香。适宜大棚或日光温室无土栽培。

(2)新红心脆　全生育期85天，果实发育期43天。果实长卵形，外观似红心脆，网纹细、密、全，肉色浅橘黄色，肉质松脆，中心折光糖含量为15%。单瓜重2.5千克。适于新疆及西北地区露地栽培。

(3)黄皮9818　全生育期80天，果实发育期45天。果皮黄色，全网纹，肉橘红色，肉质细脆、稍紧，中心折光糖含量为16%以上。抗病性较强。

(4)绿皮9818　全生育期85天，果实发育期47天。果皮灰绿色，全网纹，肉橘红色，肉质细脆、稍软，中心折光糖含量为16%以上。抗病性强。

5. 西域一号

新疆八一农学院和昌吉园艺场合作育成的杂种1代品种。中熟种，全生育期93～105天，在北疆昌吉一带8月中旬成熟。果实中等大，卵圆形，单瓜重2～3千克。果面底色黄绿，全网纹覆盖。肉厚4～5厘米，种腔小，折光糖含量为17%，味甜，果肉白色、质细、松软、味香，品质优。植株结实力强，丰产，每667平方米产量最高的可达4 000千克以上。目前，在新疆、内蒙古有大量种植。

6. 白皮脆

为新疆北疆的著名品种，以阜北农场所产的质量为最佳。全生育期85～90天，果实发育期35天。果实椭圆形，果形指数为1.47，单瓜重1.5千克。果面白色，有10条透明的浅沟，果形整齐，熟后白里透红，外观很美。果肉橘红色，肉厚3.1厘米，肉质细脆，汁液适中，折光糖含量为12.5%，风味中上。耐湿性比一般新疆甜瓜好，在我国东部保护地内也可栽培。

7. 卡拉克赛

产于新疆伽师县及阿图什县达格良乡，又名伽师瓜。现全疆各地都有种植，是当前全疆种植面积最大、品质最优的晚熟甜瓜品种。全生育期120～130天，果实发育期55～60天。果实长椭圆形，果形指数为1.6，单瓜重5.6千克。正宗品种果面墨绿色，亮而光，无网纹。现在分离出有网纹品种，果面灰绿色，全网纹。果皮薄而坚韧，果肉橘红色，肉厚4.5厘米，肉质细脆，松紧适中，清甜、爽口，汁液中等，折光糖含量为13%～14%，风味上乘。极耐贮运，可存放到翌年4月份不变味。其独特的优点是果实局部腐烂后，整个瓜味不苦。每667平方米产量4 000千克以上。该品种秋、冬季畅销全国。

以上（四）、（五）、（六）类厚皮甜瓜品种主要应用在西北干旱地区露地栽培，其中部分品种可在东部地区大棚温室内栽培。

第三章　甜瓜的育苗与直播技术

一、甜瓜育苗与直播中存在的误区

俗话说:"苗好一半收"。可见甜瓜植株苗期生长的好坏在植株的整个生育期内占有重要地位。培育健壮的幼苗要求具有较高的技术水平。在幼苗生产中,往往存在以下误区,因而导致弱苗、病苗、死苗(缺苗)的发生。

(一)营养土配制的误区

由于施用未充分腐熟好的新鲜有机肥,从而发生烧苗,或造成根部病虫害严重发生;或因营养土掺加杀菌剂、杀虫剂的用量过大,导致发生药害;或因营养土土质过于黏重或过于疏松,影响根系生长;或因营养土内施用化肥过量,而引起烧苗。

(二)播种前种子未加处理或种子处理不彻底

有的瓜农对种子的处理不重视,往往未加处理就直接播种,易导致出苗不整齐和病害发生。

(三)苗床温度管理方面的误区

冬、春季栽培为了促进幼苗生长,管理上采取过分提高床温的办法,从而导致发生幼苗徒长、影响花芽分化和病害等问题。在阴雨低温天气,因怕幼苗受冻而不敢通风,从而造成苗床低温高湿而引发猝倒病;幼苗定植前,未经通风低温锻炼致使幼苗肥而不壮。夏季育苗时,常因通风降温设施跟不上,致使温度过高而造成花芽分化不良,影响授粉和坐瓜。

（四）水肥管理方面的误区

冬、春季育苗时，因施肥浇水过多过大，导致幼苗貌似壮大，但经不起定植后不良天气的考验。此外，苗床湿度过大也会引起幼苗徒长、发生沤根和诱发病害。夏季苗床易缺水干燥，如浇水方法不恰当，遇大雨时防涝措施常跟不上。

（五）光照管理方面的误区

冬、春季育苗时，用草苫等不透明覆盖物的揭、盖不及时，光照不足，常致使幼苗茎细叶小，叶片发黄，易徒长、感病。夏季育苗时，常因光照过强、温度较高时如因没有遮荫物或遮荫过度而导致秧苗拔高徒长。

（六）虫害防治的误区

冬、春季育苗时，由于低温，幼苗易产生生理病害，生产上常分不清其与传染性病害的区别，造成打药过量而遭受药害。夏季育苗期短，害虫活动猖獗，但往往因过于依靠药剂防治而施药过多造成药害。

（七）嫁接栽培关于砧木选择方面的问题

应该引起注意的是，并不是所有适合作西瓜嫁接的葫芦或南瓜都可作为甜瓜砧木。目前，我国还没有特别适合甜瓜嫁接用的专用砧木品种，有些甜瓜品种嫁接时选用的砧木不合适，会造成甜瓜果实发生异味。

（八）覆土不当

播种甜瓜时，常因播种后覆土厚度不当，覆土过深或过浅而影响出苗。

二、甜瓜育苗技术

育苗是在一定的保护设施条件下提前播种，并采用营养钵保护根系，当栽培条件合适时再定植。露地栽培育苗在阴雨多湿的南方地区是保苗、稳产和提早成熟的有效措施。在北方露地栽培甜瓜时很少育苗，只是在早熟栽培时才应用。保护地栽培时，育苗又是充分利用土地和进行集约化生产的必要手段。另外，育苗是把幼苗阶段置于可控的保护设施内，进行统一科学的管理，以利于培养健壮苗和达到苗齐、苗壮、苗全的目的；同时，育苗可以节约种子，尤其是厚皮甜瓜种子一般价格较贵，育苗可节约近 1/2 至 3/4 的用种量。

育苗有诸多好处，但如果育苗技术掌握不好，所育的苗不壮不齐、移植方法不合理，动了根、缓苗很慢，就不能发挥育苗应有的作用，甚至效果还不如直播的。

（一）育苗设施

1. 苗床种类

（1）冷床　也称阳畦。这种设施白天利用太阳光提高苗床温度，夜间需覆盖草苫。为了充分利用日光能和提高保温效果，床址应选在高燥向阳、光线充足的开阔地带，北面应设风障。苗床宽约 1.3 米，苗床的长度根据地形和育苗多少而定，一般不超过 10 米。床坑深 25～35 厘米，床壁要直，床边的土要夯实，用竹片等做拱架。拱架上覆盖透明覆盖物如农用薄膜，夜间薄膜上面还可加盖草苫等不透明覆盖物，四周用泥封严。如果冷床仅利用日光能和保温措施提高床温，增温效果较差。一般露地栽培的薄皮甜瓜和部分厚皮甜瓜直接用冷床育苗，生产中较多的是将冷床与大棚、日光温室等结合起来使用。

（2）温床　根据热源不同，温床可分为酿热温床、电热温床和火炕床 3 种。酿热温床是用厩肥等有机质分解所释放的热能加热床土；电热温床是用电能来加热床土；火炕床是在床底用砖砌成火道，上面覆以栽培土壤，根据外界气温变化和幼苗生长需要，进行临时烧火（烧柴、煤均可）加温。

酿热温床：建造酿热温床，首先要配制酿热物。酿热物一般由新鲜马粪（60%～70%）和麦秸草（30%～40%）组成。配料时再加入适量的人粪尿和水，使其含水量达到65%～70%，将上述材料充分拌匀堆好后，即可准备填床。温床一般宽120～150厘米，长度根据育苗量而定，深50厘米。播种前10天左右，先在床底铺4～5厘米厚的碎草或麦秸并踏实，用作隔热层。每平方米撒生石灰0.4～0.5千克，再将配好的酿热物填入，每填10～15厘米洒一层稀人粪尿。酿热物以30～35厘米厚为宜。填好后，不要踏实。床顶盖塑料薄膜，夜间盖苇毛苫或草苫，使酿热物尽快发热。当温度升到60℃～70℃时，中午揭去塑料薄膜，把酿热物踏实，再在上面铺2～3厘米厚的细土，而后将营养钵排到苗床上，并喷透水。若用营养土块育苗，则可在酿热物之上填10厘米厚的营养土再浇水切块。在幼苗床上用竹竿或竹片等做支架盖小拱棚，夜间加盖草苫，使温度尽快升高。据测定，酿热物生热一般可维持40多天。

电热温床：顾名思义是通过电热加温，使苗床提高温度的方式。通常是在苗床营养土或营养钵下面铺设电热线，通过电热线散热来提高苗床内的土壤和空气温度，以保证甜瓜育苗成功。甜瓜冬季采用电热温床育苗，易于控制苗床温度，便于操作管理，育苗效果良好。电热温床可在大棚内建平畦苗床，床宽1.2～1.5米，长度根据需要确定。在铺设电热线前，首先应根据电热温床总功率和线长计算出布线的间距。其计算公式如下：

电热线总功率＝单位面积所需功率×加温面积

电热线根数＝电热线总功率÷每根电热线功率

布线行数＝(电热线长度－苗床宽度×2)÷苗床长度

甜瓜育苗每平方米所需功率一般为 100～120 瓦。布线行数应为偶数,以使电热线的两个接头位于苗床的一端。由于育苗床基础地温不一致,一般靠四边的地温较低,中间部位基础地温高,如果均匀铺设电热线,则由于苗床地温不一致,容易造成甜瓜苗床生长不整齐。因此,不能等距布线,靠近苗床边缘的间距要小,靠近中间的间距要大。布线前,先从苗床起出 30 厘米的土层,放在苗床的北侧,底部铺一层 15 厘米厚的麦糠,摊平踏实。然后在麦糠上铺 2 厘米厚的细土,就可以开始铺电热线了。先在苗床两端按间距要求固定好小木桩,从一端开始,将电热线来回绕木桩,使电热线贴到踏实的床土上,每绕一根木桩时,都要把电热线拉紧拉直,使电热线接头都从床的一端引出,以便于连接电源。电热线布完后,接上电源,用电表检查线路是否畅通,有没有故障,没有问题时,再在电热线上撒 1～1.5 厘米厚的细土,使线不外露,整平踏实,防止电热线移位,然后再填实营养土或排放营养钵并浇透水,盖好小拱棚,夜间加盖草苫,接通电源开始加温。两天后,当地温升到 20℃以上时播种。使用电热温床应注意以下几个问题:一是使用两根或两根以上电热线时,应采取并联接法,不可串联。二是电热线不可截断使用,也不能重叠交叉。三是电热线全部埋入土中,不能暴露在空气中。

火道温床:建造火道温床时,先挖一个东西长 4.5 米、南北宽 1.6 米、深 0.2 米的床池。在床池的一端挖一个南北长 1.3 米、东西宽 1 米的烧火炕。然后在床池底上缘四周挖 0.4 米宽的沟,烧火炕一端深 0.4 米,另一端深 0.2 米。南北两边的沟底按两端的深度须呈斜坡,将中央土体也砌成斜坡,斜坡向烧火炕一端倾斜。烧火炕一端比原池底深 5 厘米，另一端与所挖沟底相平。在烧火炕一端的沟底中间挖深、宽各 16 厘米的小沟，即为火道。沿两边沟底挖向另一端，再分别向中央转折，沿中央斜面拐回烧火炕一端。再在烧火炕中靠床池一面的墙上，以床池为中央，向内挖一个上顶为半圆、高 0.6 米、宽 0.45 米、深 0.3 米的拱形洞。在洞的内上方，向床池中顶端火道方向挖一直径为 0.13 米的通道，即为烧火口，与火道相通，在缘口垒上火炉。将火道用瓦等盖好，并用泥抹平，以防止漏水。再填土踏实，恢复原池底的高度，中间两条火道在烧火炕一端一直延伸至池壁，经池壁与床墙上的烟囱相通。床池周围建床墙，北墙高 0.4 米，南墙高 0.1 米，两端呈斜坡状。利用火道温床培育甜瓜幼苗时，要特别注意保持温度的稳定，不可忽高忽低。建床后要在床底先垫 5 厘米厚的细土做透热层，踏实后再铺 15 厘米厚的培养土或放营养钵。浇水时，要防止水过量而渗入火道内。火道温床一般于前半夜升温，后半夜保温，白天利用床上余热及日光增温，保持幼苗所需温度。利用火道温床育苗，应在播种前 3 天烧火加温，以便于播种。

近几年在大棚蔬菜生产中推广使用的暖风炉也是一种很好的补温育苗设施。利用暖风炉育苗时，可将育苗钵或育苗穴盘置于平畦或高畦的冷床上，利用暖风炉释放的热量来提高育苗棚内的气温，进而提高育苗床的温度，达到培育壮苗的目的。暖风炉使用成本较低，但一次投入相对较大。暖风炉育苗操作管理比较简单，棚内采光条件好，空气相对湿度低，病害相对较轻，也容易培育壮苗。有条件的地方，特别是在进行集中育苗时，可推广使用暖风炉育苗。

2. 护根措施 甜瓜根系纤细，在移栽过程中易受损伤，且根的再生能力弱，不易恢复，故育苗移栽应采用容器保护根系。常用的容器有以下 5 种。

(1)营养钵　用纸、塑料制成，内部可装营养土。实践证明，用营养钵育苗，根系可在营养钵内生长，移栽过程中起苗、运苗时不散坨，根系完好无损，栽后缓苗快。纸钵的做法是：用 16 开的旧杂志、旧书籍，也可将旧报纸裁为 16 开，卷成筒状，两边重叠 1～2 厘米粘合，将筒的一端折叠粘好，即成纸钵。钵高 10 厘米，直径 8～10 厘米。塑料钵是由工厂生产的专门用于育苗的成品，形似花盆，上口大，下口小，底部有小孔洞。塑料钵有多种规格，对甜瓜来说，以上口径 8～10 厘米、高 10 厘米较为适宜。用塑料钵育苗一次投资较大，但可多次使用，苗期管理搬运也方便，有条件的应尽量使用塑料钵育苗。

(2)塑料袋　将旧农用塑料薄膜按 16 开纸大小裁开，卷起后，将两边重叠处和一端用钉书机钉上或用线缝好。也可直接用筒状塑料薄膜裁成 10 厘米长，只将底部封好，注意底部要留有一定的空隙，以便浇水后多余的水能从钵中渗出。

(3)营养土块　制作的方法一般有两种：一种是压制法，即将配制好的营养土，加入适量水搅拌均匀，待营养土用手能握成团时，装入压制模内压成方块。另一种是和泥切割法，即将配制好的营养土，铺在整平的苗床上，厚为 10 厘米，再用木板抹平，浇水后按所需苗距切成方块，在切缝处撒少许沙子、草木灰等，以便于起苗和防止重新粘连。土块中央可扎穴，以备播种。

(4)育苗穴盘　有瓜类专用塑料育苗穴盘出售。穴盘孔数以不超过 70 格为好，过密时苗易徒长。穴盘育苗所用的介质可选用育苗专用介质如我国台湾农友公司的“满地王”等。

育苗盘育苗管理方便，节约用地，移植时只需从底部轻轻顶起即可取出幼苗，操作简便。同时，因幼苗根群及介质保持完整，完全不伤根部，所以定植后幼苗能继续迅速生长，可缩短定植至收获所需时间。

往容器内装营养土时，不要装得太满，上口留出 1.5～2 厘米，以便于浇水和播种后覆土。

（二）营养土的配制

营养土应能满足甜瓜育苗期内幼苗生长发育对土壤矿质营养、水分和空气的需要。所以，营养土应疏松透气、不易破碎，保水保肥力强，富含各种养分，无病虫害。配制营养土时，应该用未种过瓜类作物的大田表土、河泥、炉灰及各种禽畜粪和人粪干等混合而成。一切粪肥均须充分腐熟。由于各地肥源不同，营养土的配制有较大差异。营养土的常用配方有两种：一种是草炭 50%，腐熟马粪 20%，大粪干 10%，大田土 20%；另一种是肥沃大田土 60%，充分腐熟的厩肥 40%。在没有草炭和马粪的地方可选第二种配方，若土质黏重，可适当增加厩肥或加入少量细沙，否则土质过于黏重，将使早春升温慢，营养土浇水后易板结，影响根系伸展和定植后的缓苗。但营养土土质也不可过于疏松，否则保水性差，起苗时容易散坨伤根，定植后不易缓苗，进而造成病害发生。如营养土过于疏松，可适当增加厩肥或黏土来调整。配制营养土所用的有机肥，如马粪、牛粪、猪粪、鸡粪、大粪干等，应在夏季经高温堆制发酵、充分腐熟后捣细过筛。切勿用未腐熟好的新鲜有机肥，否则易发生烧苗，或造成根部病害严重发生。若用肥沃的田园土配制营养土，则必须是 4～5 年内没有种过瓜类的园土。大田土一般指玉米、小麦等为前茬的土壤。用上述方法将营养土配好后，每立方米营养土再加复合肥 1.5 千克，草木灰 5

千克，50%敌克松（或75%甲基托布津）80克，多菌灵80克，敌百虫（或辛硫磷）60克。注意杀菌剂、杀虫剂用量不可过大，以免发生药害。可先用少量土与药混匀，再掺入营养土中，最后将全部营养土充分拌匀，堆放7～10天后，装入营养钵中或制成营养土块。在培育幼苗时，有些瓜农习惯在营养土中加入尿素或磷酸二铵，这对幼苗的生长有一定的促进作用，但用量一定要严格掌握，以防止烧苗。一般尿素用量每立方米不多于0.25千克，磷酸二铵用量每立方米不多于0.5千克。且多种化肥混施时，其总量不可超标，以防止烧苗。准备工作应在播种前几天完成，以保证在播种前有充足时间浇水、烤床。

（三）播种前的种子处理

1. 选种　只有高质量的种子才能够保证播后苗齐、苗全、苗壮。因而播前选种是一道必不可少的工序。在浸种催芽前就要对种子进行初选。首先考虑种子的纯度，此外还要选择粒大饱满的种子，除去畸形、霉变、破损、虫蛀的种子，以及秕籽和小籽。不同品种的种子，千粒重差别很大，厚皮甜瓜和薄皮甜瓜种子千粒重差别非常大，薄皮甜瓜种子的千粒重一般为5～20克，厚皮甜瓜种子的千粒重为20～80克，播种量应根据种子大小、栽培密度、发芽率等确定，以保证出苗数比实栽数多10%以上。按每公顷土地栽植3万株幼苗计算，如果种子发芽率为90%以上，则每公顷用种量在3.6万～3.7万粒。

2. 晒种　播种前将种子在阳光下暴晒1天，每隔2小时翻动1次，使种子均匀受光。阳光中的紫外线和较高的温度对种子上带的病菌有一定的杀灭作用，除此以外还可促进种子后熟，增强种子的活力，提高发芽势和发芽率。种子晒得越干，吸水越快。

3. 浸种与消毒　甜瓜种子常携带多种病菌和病毒。播种前浸种结合消毒，一方面可使种子在较短的时间内吸足水分，保证发芽快而整齐；另一方面，甜瓜种子若带有病菌时，浸种也可对种子表面及内部进行消毒，以预防病毒病、枯萎病、炭疽病的发生。常用的浸种及消毒有 3 种方法：①温汤浸种。在浸种容器内盛入 3 倍于种子体积的 55℃～60℃的温水，将种子倒入容器中并不断搅拌，使水温降至 30℃左右，在此温度的水中浸泡 3～4 小时。采用温汤浸种，不仅可使种子吸水快，同时还可以杀死种子表面的病菌，这是甜瓜生产中最常用的浸种消毒方法。②干热处理。将干燥的甜瓜种子在 70℃的干热条件下处理 72 小时，然后浸种催芽。这种方法对种子内部的病菌和病毒也有良好的消毒效果，不过处理的种子要保证干燥，因为含水量高的种子进行于热处理会降低种子的生活力。③药剂消毒。是指利用各种药剂直接对种子进行消毒灭菌处理。常用的方法主要有 3 个：一是高锰酸钾消毒法，即用 0.2％高锰酸钾溶液浸泡种子 20 分钟，捞出后用清水洗净，可以杀死种子表面的病菌；二是磷酸三钠消毒法，即用 10％磷酸三钠溶液浸种 20 分钟后洗净，可起到钝化病毒的作用；三是多菌灵等杀菌剂消毒法，即用 50％多菌灵可湿性粉剂 500 倍液，或 25％苯来特可湿性粉剂 500 倍液浸种 1 小时，可以防治甜瓜炭疽病等。用药剂消毒时，当达到规定的药剂处理时间后，立即用清水洗净，然后在 30℃的温水中浸泡 3 小时左右。浸种时，应注意浸种时间不宜过短或过长。过短时种子吸水不足，发芽慢，且易戴帽出土；过长时，种子吸水过多，种子易裂嘴，影响发芽。另外，对种子进行消毒时，必须严格掌握药剂浓度和处理时间，才能收到良好的效果。浸种过程中种子最好淘洗数遍。

一般新种子、饱满种子浸种时间可适当长一些，约 4 小时。陈种子、饱满度差的种子浸种时间为2～3 小时。浸后包在湿润的纱布或毛巾内，置于 28℃～30℃的环境下催芽。催芽可用恒温培养箱，也可用火炕催芽或用电热毯催芽。催芽时应注意以下几个问题：一是必须保持适宜的温度。甜瓜种子在 15℃以下不发芽，低于 25℃时甜瓜发芽慢且不整齐。较低温度下发芽时间过长，也易发生烂种等现象。发芽的最高温度为 40℃。因此催芽过程中要密切注意温度变化，并及时调整。二是保持种子通气。发芽过程中，种子的呼吸作用旺盛，需氧量大，一般要求含氧量在 10%以上。因此，催芽过程中要保持通气，不要积水；经常翻动种子，使种子受热均匀。三是及时播种或停止催芽。催芽的长度以露白为好，芽子太长，在播种时易折断，或播种后芽子顶土力弱。若出芽不整齐，则可将大芽挑出先行播种。在 30℃的温度下，大多数种子在 24 小时左右就可出芽。如果天气不宜播种，应把种子摊开，盖上湿布，放在 10℃～15℃的冷凉环境下，以防止芽子生长过长。

（四）播种方法

选晴暖天气上午播种。播种时苗床地温最好在 20℃以上，不应低于 16℃，以保证顺利出苗，缩短出苗时间。播种前，先盖小拱棚烤畦的，应临时撤掉小拱棚，检查苗床湿度，最好在播种前再用温水泼浇一遍，以保证出苗前不缺水。事先没有浇水的，播种前应先用温水将营养钵浇透。甜瓜播种多采用点播法，每个营养钵点播一粒带芽的种子，种子发芽率高的也可以在钵中播 1～2 粒未出芽的种子。播种时先在营养钵或营养土块上开穴，播下种子后，穴内盖土，或将种子平放在营养钵上面，然后再盖土。盖土要用过筛的细土，最好是营养土。盖土的厚度依种子大小而定，一般厚1～1.5厘米。若覆土过厚，则出苗时间长，易烂种；覆土过浅，虽然出苗快，但易出现戴帽出土现象，且根系入土浅，苗床浇水不足时，会出现死苗现象。播种后，首先要用营养土将营养钵之间的缝隙填好，在床面上覆盖一层地膜，以保温、保湿。在寒冷季节，苗床上可用竹竿等材料做支架，严密覆盖塑料薄膜，扣成小拱棚，夜间盖草苫或麦秸，当有50%的幼苗顶土时，要及时揭掉地膜，并开始通风。

(五)苗床管理

1. 冬春季苗床管理

(1)温度　幼苗出土前，要求较高的温度(25℃～30℃)，当70%～80%的幼苗出土后，白天将温度降到20℃～25℃，夜间保持15℃。因为从幼苗出土至子叶平展，这段时间内下胚轴生长最快，是幼苗最易徒长的阶段，所以要特别注意控制好温度，防止瓜苗徒长。第一片真叶展开后，幼苗就不易徒长了，因此床温应再次提高到30℃左右，夜间最低气温为15℃，这样既有利于根系的生长，又可抑制呼吸作用和地上部的生长，有利于培养壮苗。幼苗有2片真叶后，应逐渐降低床温，在床内温度逐渐接近外界温度时进行定植前的锻炼。另外，采用昼夜大温差育苗，是培养壮苗的有效措施。北方地区冬季及早春经常出现寒流天气，为防止寒流对幼苗的危害，在遇到寒流时一定要进行加温，火炕要点火，电热线要通电，并增加覆盖物的厚度，暖风炉更要适当延长燃烧时间，甚至在白天也要点燃。在阴雨天时，苗床的温度可比晴天时低2℃～3℃，防止因温度高、光线弱引起幼苗徒长。

(2)光照　冬、春季育苗时，光照条件的好坏可直接影响到育苗的质量。由于冬季和早春太阳光线弱，光照时间短，冬、春季苗床的光照普遍不足，致使幼苗茎细叶小，叶片发黄，容易徒长，也容易感病，移栽后缓苗慢，影响产量。为了增加棚内光照，白天要及时揭开草苫等覆盖物，让幼苗尽可能地接受阳光，晚间要适当晚盖草苫等，以延长幼苗见光时间。另外，要经常扫除薄膜表面沉积的碎草、泥土、灰尘等，以保持薄膜较高的透光率。在育苗后期温度较高时，可将薄膜揭开，让幼苗接受阳光直射。揭膜应由小到大，当幼苗发生萎蔫、叶片下垂时，要及时盖上薄膜，待生长恢复后再慢慢揭开。连续阴天时，只要棚内温度能达到10℃以上，仍要坚持揭开草苫，使幼苗接受散射光。长期处于无光条件下的幼苗易黄化或徒长。气温特别低时，可边揭边盖。久阴乍晴时，不透明覆盖物应分批揭去，使苗床形成花荫，也可随揭随盖。日光温室加暖风炉育苗时，连阴天后的第一个晴天，可先在幼苗叶片上喷水，再逐渐揭开草苫。

(3)肥水管理　在播种前浇足底水的情况下，出苗前苗床一般不会缺水。但出苗后幼苗生长逐渐加快，需水量大。在电热温床或火道温床上，水分蒸发量大，床土易失水干燥。因此应根据土壤水分情况及时补充水分。苗床上应严格控制浇水。苗床湿度大时，一方面会引起幼苗徒长，易诱发病害；另一方面也会影响根系的正常生长，发生沤根。床内湿度较大时，应控制浇水，结合划锄进行散湿、提温。浇水时最好浇温水。在瓜苗生长过程中，若发现缺肥现象，可结合浇水进行少量追肥，一般可用0.1%～0.2%尿素溶液浇苗，也可在叶面喷施0.2%磷酸二氢钾或0.3%尿素溶液。在通常情况下，只要育苗营养土是严格按照前面所介绍的方法配制，瓜苗就不会发生缺肥现象。幼苗缺肥的原因一般有以下3个：一是“白土"育苗,即由于缺乏充足的有机肥,在配制营养土时只能主要利用大田土,因而肥力差,造成幼苗出土后缺肥。二是营养土采用生料配制,即用过量未腐熟的有机肥或过量速效化肥,造成幼苗烧根,发生幼苗缺肥现象。三是育苗床温度过低、湿度过大,造成幼苗沤根而发生幼苗缺肥现象。在育苗中应找准发生缺肥现象的原因,有的放矢,对第一种缺肥现象应采取追肥方式,对第二种缺肥现象应结合水洗压肥,对第三种缺肥现象应采取提温散湿的方法加以处理。在育苗期间,除浇足底水外,一般还需浇水 1～2 次。

(4)中耕松土　苗床中耕可起到散发土壤水分、提高土壤温度的作用,并能使土壤疏松,促进根系生长。在齐苗后及"破心"后应各划锄 1 次。另外,在每次浇水后,也应划锄 1 次。划锄要深浅适当,防止伤根,湿度太大时,划锄前应撒施干土或草木灰。

培育壮苗的标准是:苗龄 30～35 天、具 3～4 片真叶的大苗,苗高低于 10 厘米,下胚轴粗壮,子叶节位离地面最好不超过 3 厘米,子叶完整,真叶叶片厚,深绿色,无病斑虫害;营养土块完整,根系发育良好,主根和侧根粗壮,地上和地下部分均无损伤。

2. 夏季育苗技术　盛夏和初秋天气或高温多雨或高温干旱,光照变化剧烈,病虫害发生严重。夏天气温往往超过甜瓜生长的适宜温度,如果通风降温设施跟不上,过高的温度会造成甜瓜花芽分化不良,影响以后的授粉和坐瓜。夏季育苗期间,一般降雨较多,容易造成地面渍涝。甜瓜最不耐雨淋和渍涝,雨淋不仅直接冲击瓜苗造成叶部损伤,而且容易使幼苗发生苗期病害。渍涝使甜瓜根系受损,坐住瓜后,非常容易患蔓枯病,严重者可造成绝产。夏季,蚜虫、白粉虱、斑潜蝇等甜瓜害虫活动非常猖獗，对甜瓜的危害非常大。这些害虫不仅直接危害幼苗，而且能够传播甜瓜病毒病，如果防治不当或不及时，单是甜瓜病毒病就可造成秋季生产绝产。

夏季育苗选种原则及浸种处理方式均与冬季育苗相同。由于夏季温度高，日平均气温为30℃左右的环境条件适合于甜瓜发芽，因此不必再用催芽设施，可直接用湿润毛巾等物包好种子，在暗光环境、常温条件下催芽。在通常情况下，催芽24小时左右，大部分芽可出齐，此时即可播种。如果因故不能及时播种，可将种子放于冰箱中的冷藏层高温区内（即远离冷凝管处，此区域通常温度为10℃～12℃）。催芽中的其他管理措施均与冬季育苗相同。

甜瓜催芽至露白时即可播种。随出随播，播前一定将苗床及营养钵用大水灌透。夏季气温高，蒸发快，如果不用大水灌透，在幼苗破心出真叶前苗床容易缺水影响出苗，因此，使苗床吃透水，才能保证水分供应。气温高，适于甜瓜出苗，一般播后40小时左右大部分种子便可出苗，因此播种后苗床可不必覆盖地膜。为防治蝼蛄、蟋蟀、地老虎等地下害虫为害，播种后需在苗床及四周撒毒饵。

苗期管理要加强通风，防止幼苗徒长。在防雨的前提下，苗床周围的通风口要尽量开到最大。一般育苗大棚的薄膜只盖顶部，四周大通风；小拱棚育苗，遮盖也须离开幼苗60～80厘米，才能取得良好效果。

要及时浇水喷淋、降温增湿。夏季苗床很容易干燥，应及时浇水，浇水时不要漫灌，让水在营养钵下流淌，不要浸到幼苗。干热时可在中午前后往苗床四周及棚膜上喷淋清水，也可往苗床上喷少许清水，往苗床上喷水时，水流不能太急，最好用喷雾器喷淋，以免伤及幼苗。

要及时喷药,防治病虫。夏季育苗期虽然短暂,然而由于害虫活动猖獗,仅靠药剂防治并不能完全奏效,需综合防治:一是必须将育苗床与外界严格隔离,最有效的办法是在育苗大棚的通风带上安装30目的防虫网,以隔离害虫;二是需将苗床上、育苗棚内及周围数米内的杂草清除干净;三是苗期要注意喷药防治害虫,一般需喷药1~2次。每次喷药时,同时对苗床周围的作物及杂草喷药,以消灭附近虫源。夏季育苗,苗期常发病害为炭疽病,多发生于连日阴雨、苗床湿度较大之际。为防治病害,除在营养土中掺加杀菌剂外,苗期还可喷75%百菌清可湿性粉剂600~800倍液,或杀毒矾800倍液。出苗后,苗床要喷一遍7051杀虫剂3000倍液,或40%敌敌畏1000倍液,以后每隔1周喷一遍。

要适当遮荫。光照过强、温度较高时,在育苗棚上搭盖遮阳网,或其他遮荫物,以降低温度。但甜瓜苗床遮荫不可过度,一般只在晴热天气的中午遮荫。定植前数天,不宜遮荫,应让幼苗多见直射光,防止幼苗拔高徒长。

要防雨涝。首先,育苗床必须有遮雨覆盖物,一般是在育苗大棚或拱棚上搭盖塑料薄膜,须搭盖新塑料薄膜,因搭盖旧塑料薄膜透光性差,易造成植株徒长。其次,育苗床要建在地势较高的地方,且苗床要建成高畦或半高畦。根据地势情况,苗床平面应高出地平面10~15厘米,以防止雨水进入苗床,造成渍涝。夏季育苗,应采用高畦或半高畦苗床育苗。为便于操作,苗床宽度以1~1.2米为宜,长度随场地条件和育苗量而定,但一般不超过15米,以便于浇水。畦与畦之间以畦沟相隔,沟宽一般为35~40厘米。畦沟兼有排水功能,应与周围排水沟相通,雨急雨大时,能及时将苗床周围积水排出,以免淹没苗床。

夏季育苗甜瓜壮苗的标准是：苗龄15天左右，三叶一心，苗高15～20厘米，茎粗0.3～0.5厘米；叶肥壮，叶片绿或深绿色，无病虫害；根系发达，色白，充满营养钵。

三、甜瓜直播技术

一般露地种植或大棚反季节栽培甜瓜时实行直播，直播的优点是苗长得比较壮，而且不用缓苗，生长快而稳健；缺点是容易缺苗、出苗不整齐。

直播可用干籽、湿籽或出芽籽播种。干籽的适应性强，可以提早播种，当土壤温度适宜时就能自行发芽出土。催芽后播种，出苗快、成苗率高，但如果遇上低温、阴雨天，容易烂籽，反而影响出苗。干籽播种，播前应晒种1～2天，以提高发芽率和发芽势。湿籽播种的要浸种、催芽。

露地直播都采用点播法，每埯播5～6粒，覆土厚2～3厘米。如土壤墒情好，干籽播时可以不浇水，但必须踩实压严；经浸种催芽的种子播下覆土后，不用踩压。

露地地膜覆盖栽培的也采用点播法播种。可先播种后覆膜，也可先覆膜后播种。先播种后覆膜的，覆土时不要整个覆平，应略低于垄的最高点，使之形成一个小暖坑，这样，苗出土后不至于直接触到膜上，可有效地避免烤苗；当幼苗出土时若恰遇低温，可延迟破膜，使幼苗在膜内能安全度过低温期。薄皮甜瓜破膜通风时用适当大小的土块从小口处伸入，把小苗上的膜垫起，以防止烤苗。破膜后经2～3天的锻炼，再把小苗放到膜外，每穴留苗2株，同时用湿土把膜口封好。封穴要及时，以促进幼苗发育和防止杂草生长。

幼苗4～5片真叶时定苗，每穴选留1株。若邻穴缺苗，可留双苗补空。这种“借苗补苗法”比补种或移苗省工，效果也好。

四、甜瓜嫁接苗育苗技术

嫁接栽培可充分利用砧木根系的抗病性、耐寒性及其较强的根系吸收能力，与自根苗相比较而言具有5个优点：①可增强植株抗病能力，有效地防治枯萎病，同时还可推迟霜霉病的发生期。②能提高植株耐低温能力。由于砧木根系发达，抗逆性强，故嫁接苗能明显地耐低温。③有利于克服连作障害。甜瓜忌连作，保护地栽培极易受到土壤积盐和有害物质的伤害，换用砧木根以后，可大大减轻土壤积盐和有害物质的危害。④能扩大根系吸收范围和能力。嫁接后的植株根系比自根苗成倍增长，在相同面积上可比自根苗多吸收养分。⑤可提高产量。嫁接苗茎粗叶大，一般可使产量增加四成以上。

（一）嫁接场所及用具

1. 嫁接场所　最好在室内进行。高温季节实行嫁接，要用遮阳网或草帘遮荫、避免强光直射幼苗，使其过度萎蔫而影响成活；低温季节嫁接，要以保温为主，温度低不利于伤口愈合，嫁接时的适宜温度为25℃～28℃，空气相对湿度为80%以上，湿度过小时要用喷雾器向空中或墙壁喷水，以增大湿度。

2. 嫁接用具

（1）刀片　可用一般剃须的双面刀片。嫁接时将其一掰为两半，这样既节省刀片，又便于操作。

（2）竹签　插接时在砧木上做插孔用，其粗细程度与接穗苗根茎粗细一致，一端削成楔形，另一端粗细要求不严。

（3）嫁接夹　用来固定接穗和砧木。市面上有瓜类专用嫁接夹销售。如果用旧嫁接夹，事先要用甲醛 200 倍液泡 8 小时消毒。操作人员手指及刀片、竹签用 75%酒精（医用酒精）涂抹灭菌，每间隔 1～2 小时消毒 1 次，以防杂菌感染伤口。用酒精棉球擦过的刀片、竹签一定要等到干后才能使用，否则将严重影响成活率。

（二）嫁接技术

1. 砧木品种选择 进行甜瓜嫁接，首先要鉴定砧穗的组合亲和性，然后才可大批量用于嫁接。

2. 种子处理 同前面自根苗种子处理一样，即浸种 3 小时后，置于 30℃条件下催芽，露白后撒播于浇透水的苗床上，种子上面覆土 1 厘米厚。砧木种子浸种 6 小时左右，捞出沥干表面明水。其催芽方法同甜瓜。

3. 苗床准备 播种床用洗净的河沙或用配制的营养土，床土厚 8 厘米。沙床出苗快，起苗容易，但温度变化大，苗子易受损感病。用营养土做苗床，苗壮不易得病，但生长速度稍慢；若土壤黏重，起苗时易伤根。嫁接苗床必须用营养土。苗床土厚 12 厘米，宽以 1 米为宜，如太宽中间部分栽苗困难，长度可根据育苗数量确定。苗床应设在光照好、温度适宜的地方，以利于培育壮苗。

4. 播种时间 因嫁接方法不同，播种期和播种方法也有所不同。采用靠接法，甜瓜一般比砧木早播，待甜瓜 1/3 开始顶土时，要开始对砧木进行种子处理。用插接法嫁接，砧木要比甜瓜提早 7～10 天播种。

5. 嫁接方法

（1）靠接法 当砧木第一片真叶半展开，接穗苗刚吐心，即甜瓜播种后约 13 天，砧木和甜瓜根茎长 7～8 厘米时，将砧木苗从苗床上起出，尽量少伤根，用竹签去掉砧木生长点，在距顶端0.8～1厘米处，用刀片由上向下斜切1刀，刀面与叶方向平行，刀片与茎的夹角为45°，深度达茎粗的一半，而后现起出1株甜瓜，在子叶下方，刀面与子叶垂直，距生长点1.2～1.5厘米处，用刀片由下向上斜切一刀，刀片与茎的夹角为30°，深度达茎粗的2/3处，把砧木和甜瓜在切口处密接好，使甜瓜子叶压在砧木子叶上，并呈“十”字形，然后用嫁接夹固定接口。嫁接后应尽快将苗栽好，扣上小拱棚保温、保湿，前3天还要遮荫。栽苗时，要将嫁接夹放在同一方向并将砧木和接穗根茎分开，以便于以后断根。培土高度不能超过伤口，浇水时不要浇到伤口处，以免伤口感染。

(2)*蔓茎插接法*　除去砧木生长点及全部真叶，在心叶基部留长约0.5厘米的蔓茎，蔓茎顶端用锋利的刀片削平，用楔形竹签在蔓茎中央垂直向下扎孔6～8毫米深，切忌扎破蔓茎，竹签尖端扁平与砧木子叶方向垂直。在甜瓜生长点下1.2～1.5厘米处将茎由两侧面削成楔形，削面与甜瓜子叶方向平行，长5～7毫米，拔出竹签插入甜瓜接穗，将甜瓜切削面全部插入蔓茎中，使蔓茎将甜瓜茎在接口处紧紧包裹，且砧穗子叶呈“十”字形。

以上两种甜瓜嫁接方法，都较容易掌握，成活率高，但靠接法要求砧木和接穗苗高度要一致，生产中则经常出现苗高不一，甚至相差太大，难以采用靠接法，此时若配合采用蔓茎插接，则可减少浪费苗子。

(三)苗床管理

嫁接后苗床扣小拱棚保温，外用遮阳网或编织袋等遮荫。将棚密闭3天，湿度保持在100%，湿度不够时需再浇水。白天温度保持25℃～27℃，夜间保持15℃。3天后将遮荫物由少到多逐渐揭开，使幼苗见光，并逐渐通风，最好在成活之前不要通底风。揭开遮荫物后，苗子开始打蔫时再盖上，反复几天后，幼苗就不再打蔫，表明已经成活，即可将遮荫物全部去掉。在嫁接苗成活过程中，如苗床湿度较大，嫁接 3～4 天后喷百菌清、多菌灵等药防病。在嫁接苗床内及时摘除砧木上的不定芽。一般嫁接后 7～10 天接穗的新叶长出，即可实行正常管理。定植前 7～10 天进行炼苗，断根或不断根定植均可。

第四章　甜瓜栽培技术

我国的甜瓜生产长期以来都是采用传统的露地栽培方式，各地瓜农在生产实践中，针对当地气候、土壤特点创造积累了不少因地制宜的成功栽培经验，如甘肃旱区的沙田栽培、山东益都银瓜的客土栽培、南方阴雨多湿地区的育苗保苗技术以及中部地区一年2～2.5作地区（华北地区和长江中下游地区）多种多样的间作套种技术等。

20世纪80年代引进、推广开发塑料薄膜覆盖栽培技术后，甜瓜的生产栽培技术发生了很大的变化，各种形式的保护地栽培迅速发展，从而大大推动了我国甜瓜事业的发展。

目前，我国的甜瓜栽培方式主要分为露地栽培与保护地栽培两大类。由于地膜覆盖的增温、保墒、早熟、增产、防病的效果极为显著，因此目前已成为甜瓜生产栽培上的常规措施，真正全裸的露地栽培已经极少。故本文介绍的露地栽培实质是指地膜覆盖下的露天栽培，它与保护地栽培的不同之处是只盖地不盖天。

我国甜瓜的保护地栽培主要有小拱棚栽培、大棚栽培、温室栽培3种方式，前两种方式是以太阳光为惟一热能来源的不加温保护地栽培，后一种方式是需要人工加温的保护地栽培，因此投资成本大、技术性强，只是在少数科研单位和大城市郊区高科技园区内少量应用，一般瓜农难于运用。各地瓜农广泛运用的塑料薄膜拱棚式覆盖栽培，其中尤其是大棚栽培的推广面积最大，本文对此将作重点介绍。大棚栽培可分为大（中）拱棚栽培与日光温室（亦称冬暖式大棚）两种方式，后者主要是在北方地区冬春茬季节运用。

露地栽培的各项技术措施均是甜瓜栽培上最基本的基础技术，其大部分技术均可在各种保护地栽培方式上应用。各种保护地栽培方式均具有不同的特点及相应的栽培技术。

一、露地栽培技术

露地栽培过程中有关品种选择、育苗直播、病虫害防治三部分因本书已单独介绍，故在此原则上不再重复。

（一）栽培季节与轮作、间套种

1. 栽培季节　甜瓜为喜温耐热作物，露地栽培完全受气温的限制，因此栽培季节应以其果实发育成熟期配置在当地的高温干旱季节最为理想。我国最适栽培季节均为春播夏收：华南地区，大多为2～3月份播种，5～6月份收获；黄淮海地区及长江流域，均为4月播种，7月份收获；东北地区和新疆、甘肃、内蒙古及青海等地，5月播种，8～9月份收获；在海南和云南南部的西双版纳、德宏等地也可在9月中旬至10月播种，12月至翌年1月收获。一般播种期是安排在晚霜过后再出苗的季节；地膜覆盖直播栽培，播种期应略早于露地直播。

2. 轮作与间套种　同一地块不宜连年种植瓜类作物，一方面，因为连作会造成土传病害病原菌的积累，有利于发病；另一方面，瓜类根系都在相近的土层分布，利用相同的营养物质，长期连作会造成土壤某些元素的缺乏、某些物质的积累或根系分泌物和残留物多而影响生长。轮作可利用各种作物根系分布的范围不同，吸收营养元素的种类和数量不同，以及根系的残留物和病虫害等的不同，来达到防病和防止连作障碍的有效途径。一般旱地轮作周期要求7～8年，水田3～5年，实行水旱轮作可以缩短轮作周期。特别要注意，不仅甜瓜本身不连作，也不要与其他瓜类作物连作。东北、西北地区的前茬以苜蓿、多年生牧草、小麦及撂荒地为好，华北地区以玉米、谷子作前茬为好，南方三熟制地区以水稻为前茬，丘陵地区以早熟马铃薯、秋玉米为前茬较好。

露地种植的甜瓜因株行距较大，前期生长又较缓慢，可充分利用甜瓜未伸蔓前空闲的土地，实行多种形式的间作套种。这样，不仅可以提高复种指数和土地利用率，充分利用光能，增加收益，而且能改善小气候，促进间套作物的相互生长，减轻病虫危害。华北地区的间套作方式以与冬小麦套种最为普遍。具体套种方法是在播种小麦时，留好 0.6 米宽的瓜沟，在 1 米宽的畦上种小麦，开春后在瓜沟内直播或移栽瓜苗。这种套种方式，不仅因瓜沟对小麦造成的空间产生边际效应，增加了小麦的通风透光和土壤边际水肥的有利条件，在早春还能对甜瓜起到防寒防风、保温护苗的屏障作用，也可以阻止前期蚜虫为害。除此以外，甜瓜还可与棉花、玉米、花生、大蒜、菠菜、辣椒、茄子、矮生豆角等多种作物进行间作套种。甜瓜也可在幼龄果树行间与果树套种，即在果树行间套种麦类，再在麦类中间留出瓜行，这样可更充分地利用土地。甜瓜行间或在瓜行两头间作烟草，还有防治蚜虫的作用。在南方地区多与麦类、蚕豆、油菜等间套。水稻田一般采用高畦，甜瓜种在高畦两边时，高畦中间可间作其他作物。总之，甜瓜与其他作物的间套形式多样，但不论采取哪种形式，均应注意与间套作物生长相互有利，并能进行精细管理，妥善解决好共生期的生育矛盾。

（二）选地、整地、铺地膜

1. 选地 最适宜甜瓜生长发育的土壤是土层深厚、有机质丰富、肥沃而通气性良好的壤土或沙质壤土。甜瓜有一定的抗旱力和耐盐碱、耐瘠薄的能力。沙质壤土通透性好，土壤增温快，有利于根系的生长，成熟早，但沙质土壤保水、保肥力较差，植株因肥水不足易引起早衰，产量不高，故应加强肥水管理。黏土地春季地温升得慢，幼苗生长缓慢，但保水保肥能力较强，一般较肥沃，植株生长旺盛，不易早衰，瓜成熟较晚，产量较高。用黏土地种瓜应加强耕作，增施有机肥，以适当加速前期生长。

2. 整地做畦 包括三方面的工作：一是深翻和保墒；二是结合整地施用基肥；三是确定行距，按行距做畦。准备种植甜瓜的地块，前一茬作物收获后即行翻耕，耕翻深度以25～30厘米为宜，深耕可促进根系向下伸展，扩大吸收水分和养分的范围。露地栽培甜瓜在整个生育期的施肥应以基肥为主，追肥较少。施肥量可根据土壤具体情况而定。一般中等肥力每667平方米施用优质厩肥3000～4000千克，饼肥100千克，过磷酸钙80千克，草木灰50千克，氮、磷、钾复合肥15～20千克。厩肥以含磷、钾较多的禽粪、羊粪、人粪等混合肥为好，饼肥以芝麻饼为最好，其次是花生饼、豆饼和棉籽饼。用厩肥、饼肥、磷肥等做基肥施入；速效氮肥或复合肥一半做基肥一半做追肥，在现蕾开花前施入。应强调的是，要控制速效氮肥做基肥的使用，以免造成幼苗徒长，同时易造成肥料淋失，很不经济。基肥全面撒施后可复耕整地，也可沟施或穴施，施肥沟深20～25厘米，基肥施入后稍锄，使土肥混合，从窄行取土做成畦。做畦方式根据各地降雨情况而定。南方多雨地区为防止雨涝、积水危害，应做成有深沟排水的高畦；西北干燥少雨的地区，应做成深水沟浅栽培床的低畦，以利于蓄水保墒和防止干旱；东北、华北地区，甜瓜生育前期干旱，后期多雨，为了兼顾防旱和灌溉需要，常做成低垄平畦(图1)。

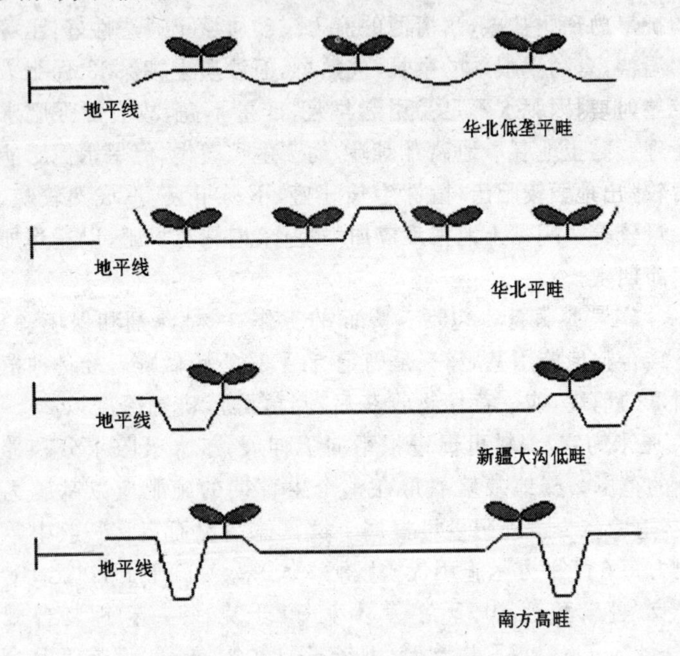

图1 几种常见的做畦方式

3. 铺地膜 做畦后即可覆盖地膜。甜瓜上用的地膜主要是高压低密度聚乙烯普通透明地膜，膜厚0.012～0.016毫米，幅宽0.7～2米，还可应用0.008毫米的超薄型地膜。黑色地膜防止杂草效果好，银灰色地膜防蚜、防病毒效果好，在国外已广泛应用，国内应用较少，今后有条件的地方应积极推广应用银灰色地膜。铺地膜的程序有两种：一种是铺膜后播种(或定植)，另一种是先播种(或定植)后铺膜。前者通常是在土质较黏重、整地比较费工、劳力不足的南方地区采用，后者多在易整地的沙质土和劳力较充足的北方地区采用。地膜覆盖栽培只有在高质量铺膜的前提下才能充分发挥其增温保墒和早熟增产的效应。铺地膜的要领是:一是要乘墒铺膜,只有墒情足才能发挥地膜的效应;二是畦面要整细整平无土块,铺膜时要拉紧压实。甜瓜地的地膜覆盖大部分采用条带覆盖方式,即用0.7～1米宽的地膜覆盖瓜行带,除两侧压入土中外,露出地面的地膜宽度为50～80厘米。南方地区高畦栽培也有部分采用2米宽的地膜进行全畦面覆盖的。地膜覆盖中经常出现的误区有三:一是铺地膜时底墒不足,效应差,尤其是北方旱地栽培铺地膜时底墒不足甚至出现反效应。二是铺膜质量达不到要求,误认为只要铺上就有效。三是忽视畦面管理,误认为只要铺上就完事。实际上还要经常保持膜面清洁,以利于透光和随时检查地膜是否压紧压实,防止刮大风时膜面松动或被刮破或掀开。

(三)幼苗定植与种植密度

1. 幼苗定植　幼苗定植技术与定植后秧苗的生长有直接关系,是保证全苗和提早发育的重要一环。为此,定植时应淘汰病苗、弱苗和被容器损伤根的苗,再按秧苗的生长状况分2～3个等级,划片种植,使田间生长一致,以便于分别采取管理措施。露地大田适宜定植期必须在当地终霜以后,气温应稳定在18℃,土壤温度稳定在15℃。根据历年气象资料,华北、华东地区大致在4月下旬谷雨前后定植。由于当时仍有寒流出现,应根据天气预报选择晴天定植,因为晴天土温高,定植后新根容易发生,缓苗快。此外,还要根据秧苗的生长状态确定定植时间。如大田定植季节将至,天气晴好,幼苗生长良好,根系开始伸出营养钵,在幼苗管理已较困难时,应抓紧晴天的有利时机及时定植;如幼苗生长尚小,相互间无拥挤现象,根系未伸出钵外,尽管季节已到,天气晴朗,也可推迟移栽，这是因为苗床的气候条件有利于生长，又便于集中管理，适当迟栽比早栽有利。定植前，苗床应适当降温炼苗，以适应田间条件，此时可施1次氮肥，喷1次防病药剂，做到带肥、带药定植，做好定植前的准备。大田定植总的要求是：在操作过程中不损伤根系，土坨与大田土壤要密切结合，随栽随管使瓜苗加速生长。

用塑料钵、纸钵或营养土块培育的幼苗，能保持完整的根系，移植时只要土壤湿度适宜，在晴天的早晨或午后随时可种植，如劳力紧张，种植的当天可以不浇水。在操作过程中应注意以下几点：①用塑料钵育苗的，在除钵时应避免破碎伤根。用纸钵育苗的，移植时如田间土壤温度较高，纸钵容易烂，不必撕破纸钵，只把钵底的纸揭去即可。如土壤温度低时，应把纸钵底和四周撕破，使根能较快地伸展。②定植时要使苗钵的土与田间土壤密切接触，避免架空，因此定植穴要挖得大些深些，并把穴内的土垫满压紧，千万不要压碎营养钵。如果把苗钵架空，容易引起僵苗。③定植的深度要适宜，一般以钵土埋入土中约1厘米为宜。如定植过深，因土壤的温度不易升高，土壤的通气性较差，会影响发根缓苗；过浅，则虽土温高、通气性好，但土壤湿度低，也不利于根的生长。

2. 种植密度　合理密植是增产的关键措施之一。合理的行株距应根据类型、品种、整枝方式、土壤肥力、气候等不同条件来决定。一般情况下，薄皮甜瓜的栽培密度大于厚皮甜瓜；早熟小果型品种大于晚熟大果型品种；单株留蔓数越多，栽的苗越少；土壤肥力越高，越应稀植。具体种植密度可参照表3。

表 3　部分省、自治区甜瓜行株距与栽植密度

种　类	栽培方式及品种	整枝方式	行株距(米×米)	每 667 平方栽植密度(株)
厚皮甜瓜	新疆哈密瓜冬瓜	双　蔓	5(双行)×0.6～0.7	380～444
	新疆哈密瓜夏瓜	双　蔓	4(双行)×0.5	667
	新疆早熟瓜旦	单　蔓	3.5(双行)×0.3～0.4	950～1270
	内蒙古河套蜜瓜	双　蔓	0.4×0.4～0.8	2700
	甘肃兰州白兰瓜	四　蔓	0.83～0.66×0.83	1080
薄皮甜瓜	中果型品种	三至四蔓	1～1.3×0.5～0.7	700～1300
	小果型品种	双　蔓	1×0.2～0.3	2200～3300
	中果型品种	多　蔓		600～700

在实际生产中要考虑出苗不全、不整齐，或出苗后遭受虫害等因素，因此播种时的实际用种量要比计算出的用种量多20%，以保证将来能定植整齐一致的壮苗。目前种子价格较高，因此在购买种子时最好先估算一下所需种子的数量。种子的播种量(种子粒数)与成苗数的换算公式如下：

播种量(粒)×发芽率×20%＝成苗数(棵)

(四)田间管理

1. 水肥管理　甜瓜是一种既需水多又怕水大的作物，应当根据不同的气候、土壤和植株的不同发育时期以及生长状况，进行科学灌溉。

定植后 3～4 天浇 1 次定植水。此后，在一般情况下，如果不是特别干旱引起幼苗严重萎蔫，可以不浇水，可通过加强中耕，松土保墒，进行蹲苗。生长前期控制浇水，有利于根系向纵深生长，增强植株后期的抗旱能力。需要浇水时，最好是

开沟暗浇或洒水淋浇，避免用大水直接浇瓜根。暗灌时，水量也不宜过大。植株伸蔓后、坐果前，需水量渐多，这时需浇1次伸蔓水。在十分缺水的情况下，可以进行畦灌。如开花前浇水过多，容易引起落花落果，但干旱时，坐果前应浇水，以保花保果。甜瓜在果实膨大期，是需水量较大的时期，甜瓜果实如枣子大小时，生长重心已由茎叶转向果实，此时稍微缺水，幼果生长就会受到抑制，因此供给充足的水分是保证果实良好发育的重要条件，此时浇1次膨瓜水，7～10天后可再浇1次小水。在果实接近成熟时，需水量大大减少，此时控制浇水可促进果实成熟，改善风味。结果期的灌水，应掌握地皮微干就灌，不要等到土壤完全发白、干透。灌水时应注意急灌急排。浇水的原则是：坐果前尽量不浇或少浇；果实膨大期及时浇，浇时应早晚浇，中午不浇；地面要见干见湿，不干不浇，见干就浇；果实充分长成时，应控制浇水。

甜瓜虽然耐旱性较强，但需水量也较多，这一方面是由于它的生长发育尤其是在形成果实产量时，需要有充足的水分供应，另一方面是由于它的叶片无深裂，植株蒸腾作用大，消耗水分多。同时，由于甜瓜根系发育好氧，需要有通透条件良好的土壤环境，因此甜瓜也怕因雨涝水淹而导致根际缺氧窒息、烂根，或因积水导致土壤湿度和空气湿度过大而感染各种病害。为此，在栽培上既要适时进行合理灌溉，又要防止雨涝水淹。不论是南方还是北方，甜瓜地均应选择在易灌、易排的地块。南方多雨地区宜选高燥地或丘陵坡地种植，如在平地水田种植，瓜田四周要挖好三级配套排水沟，要求做到雨停沟干、不存水。北方地区应采用畦栽垄栽，灌水时进行垄沟渗灌，切忌大水漫灌、浸湿瓜根；雨季来临前应在瓜田内根据地势临时开挖排水沟，及时进行排水，瓜田水淹时间不能超过

24 小时，防止雨涝瓜田长期积水而造成感病、烂根。同时，在暴雨后出现大晴天时，必须采取有效措施迅速排涝，以免高温水的危害。

生育期较长的厚皮甜瓜，尤其是中晚熟哈密瓜、白兰瓜品种，均应进行追肥。薄皮甜瓜的生育期短，只需施足基肥，不必追肥，但如果地力差，基肥施用不足，植株长势弱时，也应适时适量追肥。南方雨水多，土中肥料易被淋溶流失，需要进行多次追肥。每次追肥的量不宜过大，追肥的总量以不超过总施肥量的 30%为宜。

在掌握以上追肥原则的情况下，可进行 1 次或多次追肥。露地栽培甜瓜在苗期不追肥。伸蔓期在离苗 20 厘米处开挖 15～20 厘米的沟，将碳酸氢铵或尿素施入沟内，随后浇水。开花坐果期为防止营养生长过旺而影响坐果应严格控制肥水，一般不追肥，尤其不能追氮肥。但如果植株生长不良、营养不足，也会造成授粉不良和落花落果，这时可叶面喷施 0.3%～0.4%磷酸二氢钾和 0.5%～0.6%尿素溶液，一般每隔 5 天喷 1 次，共喷 2～3 次。果实膨大期需要的养分较多，一般在植株两侧开沟或在浇水沟内追肥，每 667 平方米追施磷酸氢铵 30～50 千克，硫酸钾 20～30 千克，追肥后立即浇水。也可用充分腐熟的人粪尿随灌水进行追肥。

目前，少数瓜农在肥水管理上存在一些误区：有机肥施用量越来越少，甚至不施而大量施用化肥，这将影响商品瓜质量；施用的有机肥没有充分腐熟，这会导致地蛆等地下害虫发生为害；施肥方法不合理，如盲目地过多施肥、忽视磷、钾肥而偏施氮肥、忽视后期叶面喷肥技术对促进多次结果的重要作用。此外，在水分管理上，在膨瓜期使用大水漫灌，造成水浸根茎而导致发病。应提倡高畦沟灌渗水方法，有条件的可以采用节水、高效防病的滴灌方法。

2. 植株管理 甜瓜整枝，包括对主蔓、子蔓、孙蔓摘心，摘除多余侧蔓，合理留蔓留叶，去卷须等。整枝的主要目的是人工调控植株的生长。叶片是养分的制造器官，但茎叶过多又会消耗养分，影响果实发育。通过整枝，首先可使植株营养体保持适宜大小，不会因茎叶过多或过少而影响果实的产量和品质；其次，可促进开花坐果，实现早熟丰产；三是调节营养物质的分配。幼苗期(4～5片真叶)摘心，使营养物质及时向侧枝转移，以促进侧枝发生。当结果枝上果实坐住后，要及时对结果枝摘心，使营养物质输送向果实，可防止化瓜，促进果实膨大。甜瓜的整枝方式很多，应结合品种特点、栽培方法、土壤肥力、留瓜多少确定。

不同品种因结果习性不同，需要通过整枝摘心等促进及时开花坐果，实现早熟丰产。对以子蔓结瓜为主的品种，主蔓早摘心可促进子蔓生长，提早现蕾、开花、坐果；对以孙蔓结瓜为主的品种，主蔓、子蔓早摘心，可促使孙蔓早发生、早坐果。

同一品种因整枝方式不同可以达到不同的栽培目的。一般留蔓多，叶面积大，可多留瓜而获得高产，但成熟晚，生育期长；少留蔓，叶面积小，不能多留瓜，单株产量低，但早熟。因此，在华北露地生长适期有限的条件下，单株不宜留蔓留叶太多，留瓜也要少些，以争取在雨季前成熟。据华北各地试验，每生产1.5千克品质良好的产品，在水肥合理的情况下，早熟品种需留中等大小的叶片35～40片。摘心可以调节植株体内营养物质的分配，为促进侧枝发生，应及时摘心。

甜瓜常见的整枝方式主要有单蔓整枝、双子蔓整枝以及三子蔓整枝和三子蔓以上的多种整枝方式(图2)。

厚皮甜瓜整枝的方式常用的主要有以下两种：

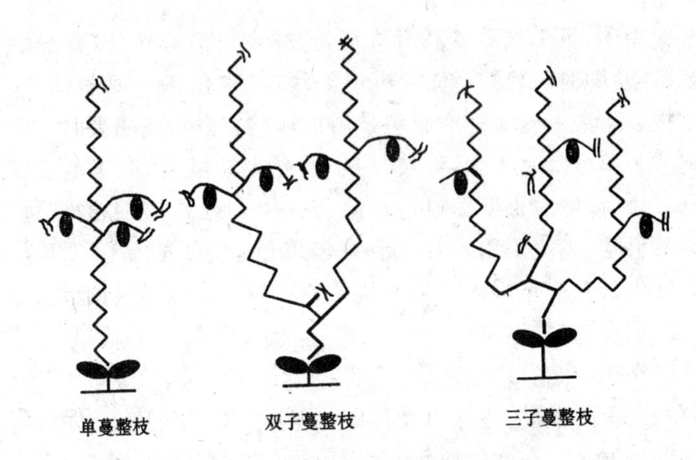

图 2　甜瓜的主要整枝方式

一是单蔓整枝法，又称一条龙整枝法，即主蔓不摘心，摘除坐瓜部位前的所有子蔓，选留 10 节以上中部的子蔓结瓜，瓜前留 2～3 叶对子蔓摘心。上部的子蔓根据田间生长情况可以放任生长、适时摘心或酌情疏除，我国西北早熟品种密植栽培时常采用这种整枝方式。

二是三子蔓整枝法。子蔓较多，田间叶面积指数增加快，坐果节位多，坐瓜早而整齐，有利于早熟。对子蔓、孙蔓都能坐瓜的早熟品种，早熟栽培的主蔓具 3～4 片真叶时摘心，选留 3 条强壮的子蔓，具 6～8 叶时摘心。子蔓每节都能长孙蔓，绝大多数孙蔓第一、第二节都能开雌花结瓜，但以子蔓上第三、第四蔓的瓜发育为较好，且较早熟。为了防止因孙蔓迅速生长争夺养分，影响坐瓜，在雌花开放前 2 天留 2 片叶对孙蔓摘心，如枝叶生长过旺也可酌情疏除下部不结果的孙蔓。此外，还有四蔓式、六蔓式和多蔓式整枝，但在露地早熟栽培中不大适用。

在春季多风地区，应结合整枝用土块等压蔓。整枝应在晴天中午、下午气温较高时进行，这样伤口愈合快，可减少病菌感染；同时，这段时间茎叶较柔软，可避免不必要的损伤。整枝摘下的茎叶应随时收集带出瓜地。有露水或阴雨时不应整枝。单株叶片太少，整枝过狠，植株容易早衰，果实不能充分长大，含糖量也低。过早摘除所有生长点的“省工整枝法”并不科学，不应采用。实践证明，坐果后，子蔓先端1～2孙蔓放任生长对防止植株早衰有利。尤其在干旱、瘠薄的地块，叶小株丛小，整枝不应过狠。

整枝应结合进行理蔓、压蔓，使枝叶合理、均匀分布，以充分利用土地，减少茎叶重叠郁闭，否则不仅影响光合作用，而且容易发病。在西北地区，为避免风卷瓜蔓，当出现5～6片真叶开始伸蔓时，应多次用土块压蔓，注意不要在坐果节位上压蔓。

薄皮甜瓜整枝有子蔓双蔓式、子蔓三蔓式、子蔓四蔓式等几种。

一是子蔓双蔓式整枝。这种方法适用于子蔓结果早的品种。当幼苗具3片真叶时对主蔓摘心，然后选留两根健壮子蔓任其生长，不再掐尖。这种方法能促进早熟，但产量较低，密植早熟栽培时多采用此法。

二是子蔓三蔓式整枝。这种方法与双蔓式整枝方法相似，只是每株留3条有效子蔓，达到一株结3个瓜的目的。

三是子蔓四蔓式整枝。这是最常用的整枝方法。当幼苗具5片真叶时，留4叶摘心，促4条子蔓早发生，利用子蔓结瓜，让子蔓任意生长，一般不再摘心。或子蔓结瓜以后，在瓜的上部留3～4片叶摘心，并除掉其他无用的枝杈。

在上述整枝过程中，如发现某一子蔓没坐住瓜时，应在子蔓上留3～4片叶掐尖，以促发孙蔓，再利用1～2条健壮孙蔓结瓜，孙蔓结瓜后不再掐尖。

孙蔓四蔓整枝法，主要用于孙蔓结瓜的品种。当主蔓具4～5片真叶时，留4叶摘心，并除去基部两条子蔓，待第三、第四条子蔓长到4～5片叶时摘心，并摘除子蔓基部第一、第二条孙蔓，每个子蔓上只保留第三条和第四条孙蔓，全株共留4条孙蔓，每条孙蔓上留1个瓜。当孙蔓长到一定长度时，在瓜前边留2～3片叶摘心，其余枝杈一律摘除。

在田间实际整枝过程中，可根据植株的疏密度和结瓜多少等情况，灵活应用整枝技术。瓜田局部植株过密时，宜采用双蔓式或三蔓式整枝法，使株密而蔓稀；植株太稀时，宜采用多蔓整枝方式，做到株稀而蔓密，调节瓜蔓上的疏密度和结瓜数。总之，在一定整枝方式的基础上，针对田间瓜苗的具体情况，采用因株整枝的方法是提高产量的有效方法。整枝摘心必须及时，一旦延缓则难以补救。但整枝摘心也不应过早过狠，摘心时伤口越小，愈合越快。

华北、东北地区春、夏之交多风，在整枝、理蔓的同时要进行压蔓。南方春、夏季高温、多雨、少风，可采用瓜地垫草的措施使瓜蔓与土壤隔离，防止因过度潮湿而烂蔓烂果，使瓜蔓在比较通透的条件下通过合理理蔓，使之按一定方向生长。其具体做法是：当瓜苗开始伸蔓时，清除杂草，清理好排水沟，以防止积水，用稻草将整个畦面盖严，厚度以不见畦面土为宜。

3. 果实管理　主要是授粉和选择坐果节位和选留果实的工作。

一是授粉。甜瓜雌花大多数为具雄蕊的两性花，又是典型的虫媒花，一般情况下可通过昆虫传粉结实，有些品种还会自花结实。但在低温、阴雨昆虫活动较少或植株徒长的情况下，可采取人工辅助授粉以促进坐果。在以下4种情况下必须采用人工辅助授粉：①花期温度低，昆虫活动少。②露地栽培甜瓜的开花盛期正值雨季，坐果困难，在坐果节位雌花开放时采用人工授粉促进坐果，比较主动，是抗病、丰产、稳产措施之一。③当发现植株生长势较旺难以坐果时，采用人工授粉，坐果后可缓和生长势，是克服生长过旺的主要方法之一。④人工辅助授粉可以选择大而饱满的雌花授粉，并控制适当的坐果节位，以增大果实，提高产量和果实的商品性。人工控制授粉的方法，即在晴天清晨在瓜田摘取开放的雄花花蕾置于容器中，待其自然开放后，摘除花瓣，将扭曲状的花药对准柱头，轻轻涂抹即可，每朵雄花可授1～2朵雌花。在阴雨天授粉时，需用塑料小帽或小纸筒防雨；阴雨天温度较低、空气湿度高，开花的时间显著推迟，则可将雄花在开放前采回，然后将当天开放的雌花套上防雨帽，待采回的雄花开放后，在田间雌花开放后进行授粉，再套上防雨帽，操作时注意避免花粉和柱头淋湿。在雨不大的情况下进行人工辅助授粉具有一定的效果。人工辅助授粉应注意如下事项：授粉必须在晴天10时前结束，如果10时以后授粉，结果率将明显下降；阴天开花迟，授粉时间可适当推迟；雄花蕾应在开花当天采摘，使其在室内开放，花粉量较多，比在田间随采随授粉的效果好；操作时不要损伤子房，花粉量要多，抹涂要均匀。此外，还可使用激素促进坐果。

二是选择坐果节位和选留果实。留瓜的位置因品种和整枝方式不同而不同。早、中熟品种进行两子蔓、三子蔓整枝时，选子蔓中部3～5节的孙蔓结瓜，产量较高，品质好。选留瓜的时间应在幼瓜如鸡蛋大小，开始迅速膨大时进行。选留幼瓜的标准是：颜色鲜嫩，形状匀称，两端稍长且健全，果柄较长且粗壮，花脐较小。

厚皮甜瓜一般一次选留 1～2 个瓜。薄皮甜瓜均为一株多果，一般每株选留 4～5 个以上，多的可达 10 余个，通常其选瓜、留瓜工作不像厚皮甜瓜那么严格，但是对坐瓜节位过近的果、太小的果、畸形果、病果、烂果则必须及时摘除，以保证适宜部位的正常果实得以膨大发育。

4. 成熟与采收 甜瓜栽培获得成功最后的一个关键技术就是采收技术。甜瓜是一种色、香、味俱全的水果，不成熟的瓜色泽不好，香味淡或没有，口感差甚至有些有苦味，而过熟甜瓜则有一种发酵味甚至失去食用价值。同时，甜瓜果实形状丰富多样，每一类型的甜瓜成熟标志不完全一样，从外观上很难正确判断。因此，可以说甜瓜的采收是一项关键技术。判断甜瓜成熟度的几条原则如下。

一是参考甜瓜雌花开放后天数。每个品种从雌花开放到果实成熟的天数一般是一定的，种植时计算天数即可估算出是否将近成熟。可在雌花开放当天插上色棒作为标记，每三天换一种颜色，并记住每种色棒的使用日期。一般薄皮甜瓜的果实发育期为 25～35 天，厚皮甜瓜中的早熟品种伊丽莎白等为 35～45 天，中熟的白兰瓜、哈密瓜夏瓜品种为 45～50 天，晚熟的哈密瓜冬瓜品种长达 65～90 天。但这种方法不能机械运用，因为同一品种在不同的栽培条件下其成熟天数是不一样的，如春季栽培伊丽莎白果实成熟的天数就比秋季栽培的要多，种植过程中温度越低，果实成熟所需的天数越多。一般以完全成熟期前 3～5 天采收为宜。

二是根据果实的外观特征。成熟时果实表面出现固有的颜色与花纹。如黄皮的甜瓜品种一般较易识别，绝大多数品种果皮颜色转黄即可采收，但也有少量品种皮色转黄时仍未充分成熟，需再生长几天。白皮品种皮色由白里透灰转为有光泽的乳白色即近成熟。成熟时果实硬度已有变化，尤其是脐部，用手指轻按脐部果皮感觉有弹性。有些果实与果柄的着生处形成环状裂纹。果实成熟时开始散发出香味，成熟越充分，香味越浓。果实或果柄表面刺毛用手轻轻触摸即脱落。

三是植株有以下特征：坐果节卷须干枯，坐果节叶片叶肉失绿、叶片变黄。

甜瓜的采收时间：一天当中，摘瓜的时间对瓜耐贮藏、运输的能力有一定影响。收获期正值高温，旺盛的呼吸消耗常使果实品质很快下降，而且易于孳生病菌而造成腐烂。因此，采收应在瓜地温度较低的早晨(20℃以下)、瓜的表面无露水时进行。采收后随即装箱或装筐运走。

薄皮甜瓜因皮薄易碰伤，果实肉薄、水多，容易倒瓤，不耐贮运，所以采收和销售过程中要注意轻拿轻放。采收时用剪刀剪。在上午露水稍干后下田采收，避免在烈日暴晒下采瓜。

作远途运输及贮藏的厚皮甜瓜，在采摘前几天，将瓜柄转一下，或稍剪一下瓜柄(部分瓜柄仍与瓜蔓相连)。远途运输的甜瓜在采收前 3～5 天进行掐剪，贮藏用的瓜在采收前 15 天进行掐剪，掐剪瓜柄的目的是限制水分往果实内输送，从而提高果实的耐贮运能力。对于远途运输或出口用的厚皮甜瓜，既要保证商品质量，又要减少运输途中的损耗，故采收时应注意以下几点：①采收前 10～15 天停止浇水，以减少腐烂损耗。②采收前要在田间选择符合商品要求的果实做出标记。③采收的成熟度要一致。④采摘及装运过程中要轻拿轻放，尽量减少腐烂损耗。⑤晚熟哈密瓜采收后还应晒瓜，以减少瓜皮水分，促使伤口愈合以减少贮运中的损耗。果柄要求留“T”字形，长度不低于 5 厘米，尽量保持新鲜，不能干枯。如果果实贮存、运输时间长，果柄可留 3 厘米左右的直柄，或留"T"字形。果实出售前剪去干枯果柄，留约3厘米长的直柄。

5. 合理栽培，提高商品瓜的质量 甜瓜品质的好坏主要由甜度决定。甜瓜的甜度是随着果实内糖分的积累转化而变化的，甜瓜成熟果实内总糖含量的高低，标志着它的甜度大小。影响甜瓜糖度的因素很多，但归纳起来可以分为内因与外因两个方面。从内因来说，一是品种间的差异，在同一栽培条件下，不同品种的果实总糖含量之间的差别也很大，高的可达18%～19%，低的只有5%～6%；二是成熟度间的差别，甜瓜果实内的总糖含量是随着果实发育成熟而直线增加，所以，成熟度愈高瓜就愈甜。俗话说"强扭的瓜不甜"，就是指尚未成熟而提早采摘的瓜由于果实内总糖含量不高，口感不甜。从外因来说，影响甜瓜甜度的条件较多，其中主要有气候、土壤、植株生长状况以及栽培措施等几个方面。在西北地区，由于光照好、温差大，因此生产出的瓜甜；同一地方不同季节生产的瓜品质也不一样，一般果实发育成熟期安排在少雨高温季节的比较好。植株生育状况的好坏与果实的甜度、品质有直接关系，凡是根系发达，茎叶茂盛，植株生育正常健壮，果实得到充分发育膨大的，其品质就好，糖度就高；反之，如果营养生长过旺或过弱的，均会导致果实的不正常发育而降低品质。栽培措施中对果实甜度、品质有直接影响的主要因素是施肥、浇水、整枝技术。肥料与甜瓜果实甜度关系十分密切。据试验测定，增施磷肥、钾肥对提高糖度改进品质有重要意义，过多施用氮肥会降低甜瓜品质。生产上说的"用化肥种瓜不甜"，就是施用氮肥过多的结果。尤其是在果实膨大发育期，单施过多的氮肥将明显导致果实甜度降低。所以，瓜农在生产实际中，习惯采用增施含磷、钾成分较多的各种优质细肥，如饼肥、大粪、人粪尿、鸡粪、猪粪、鱼粉、骨粉、各种复合肥等，均有提高甜瓜果实甜度的明显效果。果实发育后期的水分供应状况与甜瓜果实内的糖分积累转化也有关系，灌溉多的地块、雨水多的年份、成熟前浇水大、降雨多的瓜地，促进了果实内的蔗糖分解，长出的瓜就不太甜；反之，旱年、成熟前控制浇水的瓜就比较甜。整枝技术实质上是调整果叶比例关系，只有功能叶片多，同化面积大，才能促进果实充分膨大发育，提高甜度品质。

6. 甜瓜的生育周期与栽培管理 现将甜瓜生育周期特点与栽培管理技术要点综合、归纳列入表 4，供读者参照。

表4 甜瓜的生育周期与

生育 临界期	干籽▲ （播种） 出芽期▲ 真叶露心期▲ （定植）			
生育时期		发芽时期		幼苗时期
		前期	后期	
生育天数（天）		6~10		25~30
生育适温（℃）		30~35	25~30	20~25
生长中心		下胚轴	根系	
栽培阶段	准备阶段	浸种催芽	播种育苗	
栽培目的	做好土地、种子、肥料、苗床等各项播前准备工作	提高发芽率	促进根系发育与培育壮苗，防止幼苗徒长	
主要栽培管理技术措施	1. 及早做好选地、整地做畦、施基肥、铺地膜等土地准备工作。 2. 种子要选优去杂，晒种和种子消毒。 3. 农家肥要备足，应充分发酵。 4. 育苗的应做好育苗设施和营养钵准备工作	合理掌握好温、湿度和通气条件，以促进发芽	1. 苗床应严格控制温、湿度以防止幼苗徒长，加强幼苗锻炼，培育壮苗。 2. 苗期应控制浇水，多中耕松土，以促进根系发育。 3. 苗期增施磷肥或酌情追肥以促苗生长。 4. 做好猝倒病等苗床病害防治和苗期虫害（地下害虫及种蝇、瓜蚜等）的防治工作	

主要栽培管理技术措施

五片真叶期▲ 雌花开花期▲ 果实核桃大期▲ 果实定个期▲ 果实成熟期▲ （采收）

伸蔓时期	结果时期			
	坐果期	果实膨大期	成熟期	
20~25	6~9	10~25	7~20	10~20
25~30	30~35			
茎蔓顶端生长点	茎蔓顶端至果实过渡	果实		
茎蔓生长管理	果实发育管理			
促进蔓叶稳健生长	防止徒长，提高坐果率	促进果实膨大，确保果实品质 保护叶蔓，防止早衰，促进结好多次果		
1．及时做好摘心整枝，理蔓压蔓等植株调整工作。 2．重施1次伸蔓肥。 3.及时打药防治病虫害	1．控制肥水。 2．人工授粉。 3．科学使用坐瓜灵	1．追肥浇水1~2次。 2．结合打药进行叶面喷肥。 3．做好垫瓜和果面盖叶防晒	1.一株结多果品种应加强肥水和适度整枝管理。 2．成熟前控制烧水，保证果实品质。 3．适熟采收	

二、小拱棚栽培技术

（一）小拱棚栽培存在的误区

在甜瓜小拱棚栽培上存在以下几个主要误区：①棚膜揭盖不及时和盖膜不严。晴天上午棚内气温回升快，常因不及时通风而引起高温（40℃）烤苗；下午气温下降快，不及时盖膜而导致棚温较低，影响甜瓜生长；刮大风时，因压膜不实使棚膜被掀开甚至刮走而造成损失。②一般小拱棚的棚体偏小，保温性能差，早熟效应不明显，有条件的应尽可能地扩大棚体；简易地膜小拱棚虽然成本较低，但其早熟效应差，通风管理难度大，有条件的地方不提倡采用。③各地小拱棚甜瓜栽培大多常中期撤棚，只进行半覆盖栽培，这是很不经济的办法，未能充分利用拱棚保温、防雨和促进早熟、稳产的作用。日本与我国台湾省的甜瓜小拱棚栽培均为全程覆盖栽培，稳产增效作用显著。我国南方多雨地区应该大力提倡小拱棚全程覆盖栽培。

（二）小拱棚的形式与结构性能

目前甜瓜生产上应用的小拱棚形式主要有双膜覆盖栽培（即小拱棚农膜覆盖加畦面地膜覆盖）、三膜覆盖（即小拱棚农膜覆盖加简易地膜小拱棚加畦面地膜覆盖）、单膜覆盖（简易地膜小拱棚）3 种，其中生产上应用最广泛的是双膜覆盖栽培。三膜覆盖在经济和技术条件较好的大城市郊区和经济发达地区应用较多。在寒冷天气，为了加强保温，有的在拱棚上再加盖草帘和纸被。单膜覆盖的增温、早熟效应远不如双膜或三膜覆盖，但它投资少，成本低，一般在经济条件较差的地区露地早熟栽培上应用。

双膜覆盖的拱架多采用取材容易、成本低的竹木为多，个别城市郊区亦有用钢筋做拱架的。有的瓜农也有用树枝做拱架的，但因树枝拱架农膜易于破损，故实际应用的已不多。拱架用竹片（3～4 厘米宽、2～4 米长）或细竹竿做成，两端插入畦埂两侧，竹片间距约 80 厘米，用三道细竹竿做纵向拉杆。小拱棚的棚体大小各地不一，一般底宽 0.8～1 米，棚高0.6～0.7 米。上海郊区种植厚皮甜瓜的小拱棚棚体较大（当地称为大头棚），底宽 1.2～1.5 米，棚高 0.8～1 米，棚膜宽 2.5 米。为了抢早上市，常用三膜覆盖，即在双膜覆盖棚内再加设一个简易地膜小拱棚，高、宽均为 0.3～0.4 米。

由于小拱棚的棚内空间小，因此升温快、降温也快，保温性能不如大棚，故只适用于一般早熟栽培。小拱棚内温度是随着外界气温的变化而变化的，一般阴天的增温能力只有3℃～6℃，晴天白天最大增温能力可达 15℃～20℃，因此晴天中午小拱棚内容易造成高温危害。在阴天或夜间，棚内最低气温仅比露地高 1℃～3℃，因此遇寒潮时易造成冷害。双膜覆盖棚内最低气温一般在 6℃～8℃，遇寒潮时可降至 3℃以下。双膜覆盖棚内的地温一般比同期露地高 6℃～8℃。

（三）栽培季节与茬口安排

小拱棚双膜覆盖的保温性能远不如大棚，因此它的幼苗定植期不宜盲目抢早，否则易受冷害。我国中部、东部地区厚皮甜瓜双膜覆盖的安全定植期一般在 3 月下旬左右，如果培育 30～35 天的大苗，其播种期为 2 月中下旬，收获期为 5 月下旬至 7 月中旬。长江中下游甜瓜的茬口安排，一般后茬多插种晚稻，前作有部分瓜田采取与油菜、大麦等越冬作物进行间套作。华北棉区甜瓜后作常与棉花等大秋作物间套作。

(四)品种选择

小拱棚栽培应选用耐低温、易坐果、早熟、抗逆性强的优良品种。东部地区小拱棚栽培的厚皮甜瓜品种可选特早熟的中甜一号、丰甜一号等薄皮甜瓜型和伊丽莎白等光皮早熟厚皮甜瓜品种。西北地区小拱棚栽培,可选用当地露地栽培的早熟品种,如河套蜜瓜、玉金香等。小拱棚栽培薄皮甜瓜时,可选用各地露地主栽品种,如广州蜜、白沙蜜、黄金瓜等。

(五)培育壮苗与适时定植

壮苗的培育技术同前述。在日光温室育苗,适宜苗龄为30～32天,阳畦育苗适宜苗龄为35天左右。壮苗标准为三叶一心至四叶,苗高低于15厘米,苗粗大于0.3厘米。

定植前的准备及定植:定植田应选择通透性能好、昼夜温差较大、地温回升快、易于发苗的沙质壤土。先整地、挖沟,沟宽40～50厘米,深40厘米,长30米左右,沟间距2.2～2.4米。每667平方米施优质土杂肥4000千克或腐熟鸡粪2000千克,另加磷酸二铵20千克,硫酸钾10千克,尿素10千克,或氮磷钾复合肥50千克。施肥时一定要均匀撒施。其具体施法是:先在沟底铺新土10厘米厚,将1/3的基肥均匀施入沟内,再铺新土10厘米,将剩下的肥料均匀施入,最后用挖沟时起出的耕层土填平;然后在沟上做畦,畦面宽70厘米,埂宽30～40厘米,以备定植。畦与畦之间的土地应适当平整。定植前5～7天灌水造墒,并支盖好小拱棚提温。定植前将苗床温度适当降低1℃～2℃,进行炼苗。

华北地区在4月初定植幼苗,选寒流刚过的晴天上午进行,阴天和有寒流的天气不能定植。在畦内分两行定植,行距40～50厘米,苗距畦埂10～15厘米,株距55～60厘米,行间吊角种植，密度为每 667 平方米 1 000 株。开穴、栽苗、浇水、封穴应按顺序一气呵成。然后覆盖地膜，以 90 厘米幅宽的地膜为宜，最后架小拱棚。小拱棚应遮过栽培畦，高以 50 厘米为宜。

（六）定植后的管理

1. 温、湿度的管理 要适时通风换气，严格控制小棚内温度。通风应根据天气情况灵活掌握。无风的晴天要早通风，通风量要大，关闭时间要晚些。阴雨和低温天气应晚些通风，通风量要小，早一些关闭。寒流到来或刮大风的天气可不通风。在天气正常的情况下，每天通风的时间通常在 9～10 时开始，16～17 时前结束。当棚温超过 32℃时，就应开始逐步通风，切忌开始骤然放大通风量，以防止冷空气大量进入棚内伤害幼苗。当棚温降至 20℃～22℃时，就应关闭塑料棚保温，使夜间棚内仍有较高的温度。

2. 肥水管理 针对土壤养分易出现不足的情况，要及时追肥。可在伸蔓期追一次速效氮肥，如尿素、磷酸二铵等。开花坐果后再追一次氮肥和磷、钾肥，每 667 平方米追施氮磷钾复合肥 15 千克。开花前，土壤应保持适当水分，要注意小水勤浇，保证土壤水分充足。开花坐果期应减少浇水，以免生长过旺而化瓜。果实膨大期，可结合追肥浇水。果实接近成熟时不浇水，应保持适当干燥，以利于提高瓜的品质。

3. 整枝、留瓜 一般爬地栽培采用三蔓整枝，在幼苗具 5～6 片真叶时摘心，留 3～4 条子蔓。在子蔓具 7～8 片叶时，进行第二次摘心，孙蔓上共选留 6～7 个瓜，每条坐瓜蔓再留 3～4 片叶。一般能坐住 5 个瓜以上，每 667 平方米产量在 2 000千克以上。甜瓜果实是在地面上生长发育的，贴地面的部分着色浅，影响商品外观，为此应及时进行翻瓜。翻瓜时要轻拿轻放，每次翻转 1/3 面，每隔 5～6 天翻 1 次，成熟前共翻 3 次。结合翻瓜用草垫瓜，垫瓜可使空气流通，防止高湿引起烂瓜。

目前，各地的甜瓜小拱棚覆盖栽培，大部分均在外界气温转暖、植株进入开花期或幼果期就撤掉棚膜。因此，实际上是小拱棚半覆盖栽培。实践证明，更好的做法是在定植后的整个生育期内进行全程覆盖，即使到后期也不撤棚，而只是拉起两侧薄膜通风，棚顶始终保持盖膜，这样可起到防雨、防病和促进果实生长发育的作用。

三、大棚、日光温室栽培技术

（一）甜瓜大棚、日光温室栽培存在的误区

1. 盲目抢早造成生瓜上市 由于节日期间甜瓜价格走俏，不少瓜农为了抢早上市，盲目提早播种育苗期，把甜瓜生长的前中期置于一年中气温最低的季节，造成保温防风、防雪困难，也不易坐果，栽培风险增大；果实成熟前采取闭膜不通风的"高温闷棚催熟法"促进果实提早转色，采下的非正常成熟的瓜糖度低、品质差；不顾激素种类、使用浓度和施用次数，滥用激素，导致甜瓜质量降低而影响销售。以上是冬春茬大棚、日光温室甜瓜栽培中常见的误区。

2. 冬春茬大棚和温室栽培温、湿度管理的误区 在外界气温较低的早期，为了保持室温，常不敢通风或不及时通风，因此，有时晴天会造成室内温度偏高、湿度偏大，从而影响植株正常生长；无风大晴天室温升高快，为了急于降温而过早通大风，使高温环境下生长的植株适应不了骤然下降的室外低温气流而极易发生"闪苗"现象。有的瓜农对控制室内空气湿度的重要性认识不足，不注意及时通风透气降湿，也未采用全

畦面(包括走道)地膜覆盖以减少地面蒸发,以至于形成室内空气湿度过高而诱发病害。

3. 忽视大棚、温室内应用配套专用技术的作用 对于密闭条件下应用的防效较高的烟熏法防治病虫(用各种高效烟剂)和增施气肥技术(二氧化碳施肥)的作用认识不足,很少应用,因而未能充分发挥大棚温室的稳产增产作用。

4. 对品种选择不当 冬春茬栽培厚皮甜瓜,应选用耐低温的光皮型早熟品种或极早熟的薄皮甜瓜型品种,不宜选用熟性迟的品种;秋茬栽培应选用耐高温、抗病的中早熟品种。不能任意选用不对路的品种,否则,就难以做到稳产高效。

(二)冬春茬日光温室栽培技术

日光温室亦称冬暖式大棚,是我国独创的一种投资低、保温性能最好、成熟上市最早、经济效益最好的保护地栽培方式。它以日光为惟一能源,兼有我国传统土温室与现代塑料薄膜覆盖大棚技术的优点,在栽培甜瓜上发挥了重要作用。华北地区是我国厚皮甜瓜日光温室栽培的集中产区,主要分布在河北(廊坊等地)、山东(莘县等)、北京郊区、河南(扶沟)等地。

1. 日光温室的结构与性能 日光温室由北面及东西山墙、透光前屋面(由半拱形或单斜面透明农膜和夜间覆盖的草苫、苇帘、纸被等组成)、后屋面(由秫秸、草泥、麦秸泥或水泥预制板等组成)三部分组成。日光温室内的骨架由竹木或钢管和水泥预制件组成。目前,生产上应用的日光温室种类较多,其中,短后坡(1～2 米)高后墙(1.5～2 米)式的应用最为广泛,因其来往作业方便,光照充足,保温性能好,适于喜温喜光的厚皮甜瓜栽培。室内脊高 3～3.2 米,跨度 7～8 米,长度不定,一般为 45～80 米,面积约为 667 平方米。生产上应用最多的是前面为半拱圆形的竹木结构日光温室，骨架由支柱、横梁、拱杆构成，支柱分后柱、中柱、前柱，拱杆上覆盖农膜，农膜上两条拱杆之间设一道压膜线，夜间在农膜外面加盖草苫或纸被以防寒保温。前屋面底脚处应挖40厘米宽和深的防寒沟，沟内填麦秸再盖土，以防止室外低地温对室内地温影响。

外界气温最低的12月下旬至翌年1月下旬期间，室内日平均温度可比室外高13℃～25℃，但晴天的室内外温差大，阴天温差就小，这个阶段若遇寒潮而保温不好时，易造成低温危害，2月下旬以后，室内温度逐渐上升而趋于稳定，3月下旬以后室温显著升高，最高时可达到40℃以上，如不及时通风就会造成高温伤害。日光温室内的温度日变化有一定的规律，一般晴天上午升温快，下午降温也快，夜间则降温慢，最低温度出现在揭苫前，在寒冷季节揭苫后室温略有下降，但很快就升高，如不通风上午每小时可升温5℃～6℃，13时达到最高温，以后逐渐下降，15时后下降速度加快，一夜可下降4℃～7℃。室内外温差在25℃时，室内地温可保持在12℃以上。日光温室的光照强度较露地低，由于受支柱、山墙等影响，室内光照分布很不均匀，南部为强光区，北部为弱光区，中柱前1米与柱底脚处是室内光照条件最佳部位。由于受东、西山墙影响，午前室内西部光照强，午后则东部光照强。由于日光温室栽培是在密闭或半密闭条件下进行的，故其地面蒸发、植株蒸腾所产生的汽化水大多滞留在室内，因此其室内空气湿度显著高于露地，室内湿度的变化与室温的变化有关，晴天室温升高，则相对湿度就下降；反之，夜间和阴天室温下降，则室内相对湿度升高。由于室内外的温差变化，室内农膜表面常凝结露水。

2. 栽培季节与茬口安排 冬春茬日光温室栽培厚皮甜瓜的育苗播种期为12月1～20日，翌年1月1～25日定植，2月下旬开花，3月下旬进入始收期，4月下旬至5月份收获二次瓜。若植株仍较健壮，经加强管理则可继续收三次瓜，拉秧罢园期可延至6月份。近年来，因受前期瓜价高的刺激和影响，上市期有逐年提早的趋势，有的甚至提早到11月上旬播种，12月上中旬定植，翌年2月下旬即可进入始收期，4月上中旬收二次瓜。在提早上市的栽培中，其技术难度高、风险大，没有丰富的经验和较高的技术水平，是难以取得高效益的，故不可盲目地将上市期大大提前。

冬春茬日光温室栽培厚皮甜瓜采收后，下茬一般均安排种植相应的蔬菜作物，如丝瓜、黄瓜、豆角、甜椒、茄子等。

3. 品种选择 适合冬春茬栽培的甜瓜品种很多，一般应选用成熟早、品质优、耐低温弱光性能好的品种。目前，生产上应用较多的品种有伊丽莎白、西薄洛托、迎春、中甜一号、一品红、玉金香和翠蜜等。另外，由于冬春茬品种的选择余地较大，在选择品种时还必须考虑消费地区的消费习惯，对品种的外形、果皮颜色、有无网纹、果肉颜色及质地等均应全面考虑，然后确定适宜的品种。

4. 培育壮苗与幼苗定植 育苗基本技术同前述。育苗方式均采用加温育苗的方法。壮苗的标准是：适宜苗龄为40天，4叶至4叶1心，苗高20厘米左右，茎粗0.3厘米以上。

(1)定植前的准备 ①土地选择。甜瓜对土质的要求不甚严格，但以疏松、肥沃、土层厚的砂壤土为宜。如果是黏土地，应多施有机肥，并适当掺沙；如果是砂壤土，应多施有机肥，并掺少量黏土。为防止有病菌的土壤使甜瓜染病，最好选择3～5年内未种过瓜类蔬菜的土壤，但由于棚室内适合种植的作物较少，倒茬困难，瓜类重茬在所难免，因此在生产中应用福尔马林或硫黄进行土壤或空间消毒，以减轻病害。②整地、施肥、做垄。棚室内有前茬作物时，腾茬后立即耕翻。定植前10～15天，浇水造墒，深翻、细耙、整平。草苫要昼揭夜盖，提高棚室内的温度。甜瓜常用的肥料有三类：第一类是畜禽肥，是营养全面的优质肥料，施用前应充分腐熟好；第二类是饼肥，如花生饼、豆饼、芝麻饼、棉籽饼等，是提升甜瓜品质的关键肥料，要事先沤熟再施用；第三类为速效化肥，如磷酸二铵、复合肥等。要注意基肥和追肥相结合，以基肥为主，追肥为辅。以上三类肥料均可做基肥，但基肥一般以厩肥为主。由于各地土壤的质地、养分含量等各不相同，肥源也不同，故施肥量也不尽相同，一般中等肥力的土壤，每667平方米施厩肥4 000～5 000千克，饼肥150千克，腐熟鸡粪1 500千克，氮磷钾复合肥75～150千克（或过磷酸钙50千克，硫酸钾20千克，尿素20千克）。基肥的一半在整地时普施，另一半施在垄底。对前茬作物为瓜类的棚室，翻地时每667平方米施50%敌克松可湿性粉剂2克，做垄时垄底再施用2克，进行土壤消毒。起垄时做成宽窄不等的大小行，一般大行80～90厘米，小行60～70厘米，大行做成高畦，小行做成低畦，将苗子定植到高垄上。每畦定植2行，行距50～60厘米。定植后大行（高畦）变成小行，低畦变成大行。

（2）定植　在10厘米地温稳定在15℃以上，气温不低于13℃时定植。若温度达不到要求，则应增加覆盖物或推迟定植期，推迟定植期时苗床要控制在较低的温度，防止秧苗徒长。但推迟定植的时间要适当，苗龄超过45天以上则不适宜。因此，选择此茬栽培的棚室保温条件一定要好。如果保温条件达不到要求，则应推迟播期改种早春茬。在正常情况下，定植时间一般在 1 月份。定植应选寒流刚过的晴天上午进行，阴天、有寒流的天气不能定植。起苗前要注意营养钵的湿度情况，如果用手捏土能成团，则起苗前不必浇水。但较疏松的营养土如过干时易散坨，可于定植前 1 天给苗床喷水。起苗时，注意尽量保护根系，避免少伤根。定植方法有明水定植、暗水定植和明、暗水定植 3 种。由于定植时气温、地温相对较低，为避免地温因浇水而降低后回升速度慢，此茬甜瓜定植时提倡暗水定植或明、暗水定植。暗水定植又称稳苗定植，在高畦上开沟后，先浇水，在水中放苗，水渗下后封沟。这种方式有利于地温的提高，但应防止水分不足，要根据天气情况和土壤温度情况适时浇第一次水。明、暗水定植方法是：在垄上按株距要求挖穴，将秧苗放入穴内，先埋少量土，使幼苗直立，然后在穴内浇水后封穴，或先浇水再放苗封穴。如果棚室内温度过高，且有几天的连续晴天时，则可在小垄沟内放水，或一边在小垄沟内放水，一边往定植穴内点水，水渗下后覆土封穴。无论采取哪种定植方法，秧苗都不宜栽植过深，应以露出子叶为度，否则，会影响植株根部呼吸，造成生长不良。

栽植密度一般每 667 平方米 2 000～2 200 株。栽植密度还应注意因品种而异，早熟品种每 667 平方米栽 2 100～2 200 株，中晚熟品种 2 000～2 100 株。

5. 定植后的田间管理 可分为以下四个管理时期。

第一个时期是缓苗期的管理。要抓好以下三项工作：①定植后可立即覆盖地膜或细中耕 1～2 次后再盖地膜，并注意夜间覆盖草苫。缓苗期内棚温最好能保持在 30℃左右。根据此期的日光温室条件，一般不需通风，应在缓苗后秧苗明显生长较旺时再考虑通风。缓苗期间，因伤根太重或其他原因造成死苗的，要及时进行补苗。定植时浇水不足的，此期间可补浇1次小水。②温、湿度的管理。日光温室内3月上旬前（一般在甜瓜授粉前）由于环境温度较低，应以保温为主，要及时揭盖草苫，少通风，通小风。白天温度保持在15℃～28℃，气温超过33℃以后，适当进行通风。3月中旬以后，环境气温逐渐升高，棚室内气温逐步提升，如果不及时通风，有可能出现极限高温而影响甜瓜生长。此期为坐瓜、膨瓜期，坐住瓜后，白天气温控制在28℃～32℃，夜间控制在15℃～18℃，保持15℃以上的昼夜温差，同时白天要保证充足的光照，以利于果实的膨大和糖分的积累。进入5月份以后，气温升高，如果不及时通风，很容易出现持续极限高温，严重影响甜瓜的生长发育，应及时早通风，通大风，后期需通底风，或将前面薄膜卷起进行大通风。冬春茬栽培必须采用地膜覆盖，一则提升地温，二则保持土壤湿润，使土壤湿度变化比较稳定，降低大棚空气湿度，以利于甜瓜生长。另外，浇水后，应适时通风降湿。早春浇水时，须选晴朗天气上午进行。降雨时要注意盖好薄膜，防止雨水淋到棚室内。③肥水管理。在冬春茬栽培中，由于前期通风较少，棚室空气中二氧化碳的浓度有可能不足，所以最好增施有机肥和采用二氧化碳发生器、化学反应等方法补充二氧化碳。补充二氧化碳应在日出后半小时内至通风前进行，以晴天温度较高时施用效果最好。在施足基肥的基础上，整个生育期内还必须进行1～2次追肥，甜瓜从开花到果实停止膨大是吸收肥料的高峰。追肥应根据品种和土壤肥力状况而定。对晚熟品种或瘠薄地，需在伸蔓期和留瓜节位雌花开放后各追肥1次。生育期较短的品种和肥力条件好的土壤，可在预留节雌花开放时视情况追肥或不追肥。植株伸蔓期，可追1次肥，以氮肥为主，适当配合磷、钾肥，尿素、磷酸二铵等按1∶1比例每667平方米追施20～25千克。施肥后随即浇水。幼瓜长至鸡蛋大小时进入膨瓜期，此时是追肥的关键时期，可每667平方米追施氮磷钾复合肥20～30千克，或开沟冲施捣细的腐熟饼肥50～75千克，并结合喷施叶面肥等。在水分管理上，伸蔓至开花前，除结合施伸蔓肥进行浇水外，一般不需要浇水。至膨瓜期植株需水量增大，田间蒸腾量增加，这时要求土壤水分充足，应结合施膨瓜肥浇足水，以保证果实膨大对水分的需求。浇水后，隔7～10天再浇1次，可视土壤干湿情况而定。网纹甜瓜品种开花后20天进入果实硬化期，果面开始形成网纹。如果网纹形成初期水分供应过多，或土壤水分剧烈变化，容易发生较粗的裂纹。故在网纹形成前7天左右，应减少水分供应。最好能在生产上采用微滴灌技术，以保持土壤水分均衡供应。如果土壤干燥，则果面的网纹很细且不完全。果实近成熟时，要控制水分，保持适当干燥，以利于提高品质。甜瓜的许多病害，如枯萎病其病原菌都是从地表根茎部侵入的，而土壤积水或大水漫灌可为病原菌的侵入提供条件，故浇水时不应采用漫灌的方法。每次浇水前要喷药防病，浇水后应加大通风量，以排出湿气。

第二个时期是植株管理。要抓好以下三项工作：①整枝。大棚厚皮甜瓜栽培常用单蔓整枝和双蔓整枝。单蔓整枝，只留1条主蔓的一条龙整枝法或主蔓具4～5片真叶时摘心，促发子蔓，在基部选留1条健壮的子蔓，将其余的子蔓去掉，利用孙蔓坐瓜。以子蔓作主蔓整枝时，主蔓基部1～10节上着生的侧芽在萌芽时全部抹去，只选留11～15节位上生出的侧蔓坐瓜。而一条龙整枝法主蔓整枝时，春季宜在14～16节留瓜，大型中晚熟品种以15～17节结果为好，将无雌花的侧枝及时打去；主蔓长到22～28片叶时打顶，若采取多层次留瓜栽培，可在主蔓的最上端留1个侧芽，其余不结瓜的侧蔓全部抹去。双蔓整枝，主蔓具3～4片真叶时摘心，子蔓长到15厘米左右选留2条强壮的子蔓，其余从基部摘除。子蔓长到20～25节时摘心，子蔓4节以上留瓜，孙蔓留2叶摘心。结瓜后，子蔓上部的孙蔓可以任其生长。如植株生长势过旺，田间郁闭，可疏除部分不结瓜的孙蔓。②吊秧。日光温室吊秧时，可在后立柱上距地面2～2.2米处东西向固定1根10号铁丝，在前立柱近顶端东西向也固定1根10号铁丝，再按栽培行方向（南北向）每行固定1根16～18号铁丝，两端分别系在前、后立柱的铁丝上。一般选用尼龙绳或塑料绳吊秧。可直接将吊绳系在植株底部，将瓜蔓和吊绳对缠，大棚固定铁丝、尼龙绳等的方法可参考日光温室的固定方法。一般蔓长到40厘米时就该进行吊秧，并随植株生长，适时将茎蔓缠好。③支架和绑蔓。因为竹竿与尼龙绳等相比有不易摆动、容易吊瓜的好处，并可防止落瓜，所以大棚、日光温室甜瓜栽培中可用竹竿做支架。一般选用拇指粗的竹竿，其长度根据大棚的高度而定，一般为2.2～2.5米。在甜瓜伸蔓前进行插架，架式可选用立架。在距离植株基部10厘米左右处，顺瓜行方向，每植株插1根竹竿，要插牢、插直，使每一行立杆在一条直线上。在立杆上距地面80厘米处及在距竹竿顶端20厘米处各水平横向固定一根竹竿，或将竹竿顶端固定到沿定植行拉的铁丝上，则竹竿顶端就不必再横向绑竹竿。如果不用行间铁丝固定，则在与瓜行垂直方向上，再用竹竿做拉杆把各排立杆连成一体，拉杆固定在靠立杆顶端的一道横杆上，并可将各排立杆的横杆牢系在大棚架上，这样可防止甜瓜果实长成后造成竹竿倾斜或倒塌。瓜伸蔓后，适时将瓜蔓引向立杆，打“8”字形绳扣将茎蔓固定到立杆上。在秧苗长到第一道横架杆前，先绑一道，秧苗长到第一道横杆后，将瓜秧顺同一方向在横杆上固定生长，长到一定程度后，再引向立杆，继续向上生长。绑蔓时注意不要将嫩茎、叶片、雌花、果实等折断，并注意理蔓，使叶片、瓜等在空间合理分布。

第三个时期是果实管理。此期要做好以下 3 项工作。

一是授粉。大棚、日光温室栽培的甜瓜，由于虫媒传粉的机会很少，冬、春栽培外界传粉昆虫不活跃，进入大棚内的机会很少。甜瓜植株一般雄花先开，雌花后开，开花温度为 18℃以上，开花后两小时内雄蕊花粉的生活力最强，此时授粉坐果率最高。人工授粉一般在冬、春季 9 时后开始，夏、秋季 8 时开始，在气温升至 20℃以上时进行，阴天可适当延迟。授粉时，取当天新开的雄花摘下，待其开始散粉时即可将雄花花冠摘除，露出雄蕊，往结瓜的雌花柱头上轻轻涂抹。若雄花不足，1 朵雄花可涂抹 3～4 朵雌花。也可用软毛笔逐个涂抹雌花。通常情况下，应尽可能在上午结束当天的授粉工作。甜瓜开花时，如果夜温低于 15℃或遇连阴雨天，则会影响授粉，严重时可导致落花落果，可使用番茄灵 50 倍液对子房进行喷雾处理。目前，生产上常用的辅助授粉药剂是坐瓜灵，对促进坐瓜和瓜胎的生长效果较好，但适宜使用的浓度因气温、品种而异，使用不当很容易产生畸形瓜。如果天气好，温度适合时，最好尽量不用激素处理。

二是选瓜留瓜。目前，在冬春茬栽培中，有的瓜农采用中晚熟品种，以主蔓不打头的单蔓整枝、多层留瓜方式，在瓜未成熟时即将瓜摘掉(否则影响上层瓜坐瓜和生长)，这种留瓜方式虽可获得较高的产量，但严重降低瓜的品质，因此是不可取的。

留瓜节位的高低，直接影响果实大小、产量高低及成熟迟早等。如果坐瓜节位低，则植株下部叶片少，或雌花本身发育不良，果实发育前期养分供给不足，使果实纵向生长受到限制，而发育后期果实膨大较快，因而果实发育小且扁平。在营养体小、茎叶未充分生长前坐瓜，会发生坠秧现象，使生长中心转变，茎叶生长不良，会影响产量和品质。如果坐瓜节位过高，则瓜以下叶片较多，上部叶片少，有利于果实的初期纵向生长，而后期的横向生长则因营养不足而膨大不良，出现长形的果实。故在茎蔓的中部留瓜，其果实发育最好。生产实践及试验证明，大棚栽培的厚皮甜瓜适宜留瓜节位在 13 节左右，坐瓜节位以上留 10～15 片叶。如坐瓜节位以上留叶过少，果实虽早熟，但果实较小。薄皮甜瓜在子蔓中部留瓜。

留瓜个数应根据品种、整枝方式、栽培密度等条件确定。早熟品种可多留果，晚熟品种少留果；单蔓整枝少留果，双蔓整枝多留果；栽培密度大时少留果，密度小时多留果。日光温室冬、春栽培可二次或三次留果，而大棚只留 1 次果。生产上早熟小果型品种进行双蔓整枝时，一般每株留 2～4 个果，单蔓整枝每株 1 次留 1～2 个果；中晚熟大型品种一般每株 1 次留 1 个果。留瓜数与果实产量、品质等关系密切。留瓜数增多时，一般产量可提高，但果实往往变小，每株一次坐果 2 个以上时，含糖量下降，商品率降低，而且容易发生坠秧现象，造成植株早衰。实践证明，适当密植，单株少留瓜是实现早熟、优质和高产的有效方法，不应片面追求高产而忽视果实的商品质量。

当幼瓜生长到乒乓球大小时即可进行选留瓜。选留瓜的原则及顺序如下：第一步先选择发育周正、颜色鲜亮、果形稍长、果柄粗壮的幼瓜，将畸形果、小果剔除；第二步在选中的瓜中，如果大小相近则选留晚授粉的，摘除早授粉的；第三步同时授粉而瓜大小相近时，则选上节位的，淘汰下节位的。如果选留 2 个瓜，一定要选大小相当、位置相近、授粉时间相同的瓜，以防长成的果实一大一小。田间选留幼瓜可分次进行。留瓜后将未选中的瓜全部摘除。

三是套袋。高档厚皮甜瓜对外观颜色要求非常严格，大棚栽培时进行套袋，特别在日照强的季节套袋可防止果色变绿、上斑，具有保持果面干燥、上网良好的效果。甜瓜在定果后，用报纸等覆盖果实，到网纹发生期换成白色羊皮纸，并可对网纹甜瓜果实进行喷雾，以促进网纹生成。在收获前 7～10 天内去掉羊皮纸袋，去袋以在阴天进行为好。进行网纹瓜擦果是有利于网纹生成的栽培管理措施。其方法是：用较粗糙的毛巾等浸上代森锰锌 400～600 倍液或 70%百菌清 800 倍液，稍用力擦拭果实，擦果在网纹初起时进行，每隔 5 天擦 1 次，共擦 3～4 次。擦果的作用，首先可对果面进行消毒，其次通过弄伤已隆起的网纹，使其产生愈伤组织，从而使网纹生长得更加漂亮。擦果用的水必须是经过消毒的水，最好是凉开水，因为代森锌、百菌清对细菌性病害几乎无效，如果水被污染，反而会使病害蔓延。此外，还应注意，擦果的次数不能太频繁，否则会使网纹全部脱落。

第四个时期是适时采收。甜瓜的采收期比较严格，过早采收，果实含糖量低，香味差，有的甚至出现苦味，容易降低果实品质。一般黄皮瓜较易判断是否成熟，因而上市的瓜成熟率高，这也是黄皮瓜在市场上受欢迎的主要原因之一，并不是因为黄皮瓜品质高的缘故。有些品种如白皮瓜、网纹瓜，要准确判断其成熟度以确定收获期比较困难，需要有丰富的经验才能看准。成熟瓜的一般标准是：瓜表现出该品种固有的色泽、网纹、香气、甜度等方面的特征，成熟瓜一般有光泽、颜色鲜艳；有的品种有浓郁的香味，如伊丽莎白等；成熟瓜的内部胎座开始离解，脐部变软，用手按脐部会感到有明显的弹性；瓜柄附近茸毛脱落，瓜蒂部有时会形成环状裂纹。无论是网纹品种还是光皮品种，在收获期临近前，瓜前叶一般都要发黄，叶绿素减少，发生缺镁病症。在这种状态下采收，一般不用担心错摘不成熟的果实。要保证采收到成熟瓜，最稳妥的办法是标记生育期，将授粉日期牌挂到授粉果的侧枝上或果柄上，到果实达预期生育期后，先摘下一个果实测试糖分达到要求时，再陆续收获其他果实。

摘瓜宜在早上或傍晚进行，此时温度低，采下的瓜耐贮运，不易感病和腐烂。采瓜时多将瓜柄剪成“T”字形，轻拿轻放，随即装箱、装筐。甜瓜的适宜贮藏温度为10℃～11℃，空气相对湿度在70%～80%。

（三）早春茬大棚栽培技术

适合早春茬栽培的甜瓜品种非常多，一般均选用耐低温、耐弱光的优质早熟品种，如伊丽莎白、西薄洛托、中甜一号等。瓜农可根据当地消费需要和栽培习惯选择适宜的品种。华北等地区于1月下旬至2月上旬育苗，多采用加温育苗的方法。定植前的土地选择及整地、施肥、做垄等准备工作均与冬春茬栽培相同。大棚栽培做垄时，根据拱棚的大小、垄的方向有所不同。1.4～1.6米高的中棚，做垄方向一般与棚的方向相同，大行70～80厘米，小行50～60厘米，株距45厘米左右，边行距棚边50厘米，以便于操作。1.6米以上高的大棚做垄一般与棚向垂直，以便于管理，大行90～100厘米，小行60～70厘米，株距40厘米左右。每667平方米栽植密度，中棚为2 200～2 400株，大拱棚为2 100～2 300株。大棚每667平方米的施肥量与日光温室相同。定植对大棚地温和气温的最低要求与冬春茬栽培相同，即10厘米地温稳定在15℃，气温不低于13℃。通常情况下定植时，大棚温度能满足上述要求。大棚栽培1月底至2月上旬播种的，定植期为3月上中旬。定植应选在寒流刚过的晴天上午进行。如果定植地大棚距育苗棚较远时，应在运苗时用塑料薄膜等材料将幼苗做简单保护，防止搬运过程中受冷而“闪苗”。起苗方式、定植方法均与冬春茬栽培相同。

1. 缓苗及伸蔓前的管理 定植后应立即覆盖地膜，特别是3月上旬定植的更应立即覆盖地膜，并在大棚内再加盖小拱棚，如果遇到温度低的情况，还应在小拱棚上加盖草苫，待缓苗后再进行通风。缓苗期间及时查苗补苗，定植时浇水不足的，此期也可以浇1次小水。

2. 伸蔓后的管理 ①整枝及留瓜。中早熟品种早春茬一般采用双子蔓整枝，一次留双瓜的方式，即在幼苗长至5片真叶时摘心，留两条长势相当、健壮的子蔓做结果蔓，各在子蔓第八至第十二节上留1个瓜。春早熟栽培时，由于厚皮甜瓜在拱棚内适宜生长期较短，难以做到多次留瓜，而拱棚特别是中型拱棚的通风透光条件优于日光温室，即使在与日光温室相同的栽植密度下，双蔓整枝也可使植株正常生长，留双瓜可大幅度提高早春茬的产量。对于中晚熟品种既可采取上述整枝方式，也可采用主蔓不打头的单蔓、单瓜的整枝方式，即在主蔓第十二至第十五节授粉留瓜。②温、湿度的控制。大棚温、湿度的调控措施与冬春茬基本相同。一般于4月初可撤掉大棚内的小拱棚，引蔓上架或吊秧。5月份后要及早通大风，5月下旬通风口需昼夜开放。根据天气情况，夜间可开小些，雨天需关闭通风口，以防止棚内淋雨。③肥水管理。在5月中旬以前，肥水管理情况与冬春茬相同。5月中旬以后，随着外界气温的升高，加大通风量，应适时供应充足水分。④

适时采收。在正常的管理条件下，6月上旬前，各种棚型内早春茬甜瓜都能正常成熟，应适时采收上市。留二茬瓜的，也应保证6月中旬前成熟采收；否则，到6月下旬后再成熟的瓜品质也会下降。

（四）秋冬茬大棚、日光温室栽培技术

1. 品种选择 大棚秋冬茬栽培的甜瓜，由于育苗期及茎蔓生长期内天气非常炎热，前期大棚内特别是日光温室内经常出现不适于甜瓜生长的极限高温，害虫肆虐，植株极易感染病害特别是感染病毒病。温度过高也不利于授粉坐瓜。如果延迟授粉，则瓜的膨大期处于10～11月份，天气日渐寒冷。如天气晴朗时，白天温度尚能满足果实膨大要求，但如果遇到连阴天，特别是夜间温度偏低、光照弱，会影响果实膨大。根据上述各种情况，要求甜瓜品种的抗逆性非常强，一方面要耐病毒病，另一方面对高温和低温、弱光也有良好的适应性。也就是说，在较高的温度下，花器仍能发育良好，能正常授粉坐果；在较低的温度和光照条件下，果实也能正常膨大。同时，要求果实基本成熟后有良好的耐贮性。伊丽莎白、秋华二号、中甜一号等品种均适于在秋冬茬栽培。

2. 培育壮苗与幼苗定植

（1）育苗 大棚秋季栽培可在7月中旬播种，日光温室栽培可在7月下旬至8月上旬播种。一般播种后15～20天即可定植，7月中旬育苗适宜苗龄为16～18天，7月下旬至8月上旬育苗的适宜苗龄为18～20天。其壮苗标准是：3叶或3叶1心，苗高15厘米左右，茎粗0.3厘米以上。

（2）定植前的准备 秋季栽培，栽植地块地势要高，排水要好，不能选择低洼地，因为幼苗生长季节正值雨季，一旦发生涝渍，有可能使甜瓜绝产。如果地势较低，则应做高垄栽

培,一般垄高应比周围地平面高出10厘米以上。为求安全,一般秋冬茬栽培时做垄应比冬春茬高。秋冬茬栽培的施肥方法及用量同冬春茬栽培。为保证秋季安全生产,定植前应盖好棚膜,并在保证棚内不受雨淋的情况下,将通风口开至最大。在大棚的通风口部安装30目的尼龙纱网,以防止害虫进入。

(3)定植　大棚幼苗定植一般在8月初,日光温室在8月中旬,定植一定要及时,因为夏季育苗,幼苗生长速度非常快,温度难以控制,稍一耽误,就会造成幼苗过大而使缓苗慢,影响生长发育。定植应采用明水定植法,最好安排在晴天的下午或阴天进行,先栽好苗,然后浇透水。每667平方米定植密度,大棚为2 000～2 200株,日光温室为1 900～2 000株。早熟品种可适当密植,生长势强的晚熟品种可适当稀植。

3. 定植后的管理

(1)温、湿度和光照的调控　9月中旬前,通风口应开到最大,并昼夜开放,以尽量降低温度。如果大棚内土壤湿度不很高,而气温过高时,可在11时或14～15时后,向棚内喷淋清水,以降温增湿。9月下旬天气转凉时,夜间应将所有棚膜盖好。10月上旬,随着外界气温逐渐降低,通风口应逐渐缩小,保持白天温度在27℃～30℃,夜间15℃。当夜间棚温低于13℃时,应考虑盖上草苫。进入11月份,天气转凉,时有寒流侵袭,应注意加强覆盖,夜间棚温不可低于10℃,防止甜瓜受害。冬季低温期内,中午前后要进行通风,不可连续多日密封大棚不通风,以促进棚室内外气体的交换,降低棚室内的湿度,减少发病。果实发育期,进入秋末冬初,光照逐渐减弱,应采取措施改善棚室内的光照条件,如经常清理塑料薄膜表面的灰尘、碎草等。连阴天时,只要棚室内湿度不很低,仍要揭开草苫，增加散射光。

(2)肥水管理　幼苗缓苗后，植株茎叶生长较快，为使植株尽快形成较大的营养体，为坐瓜和果实膨大打下基础，要及时追肥，特别要注意追施促秧肥。可在伸蔓期追1次速效氮肥，如尿素、磷酸二铵等。开花坐果后，再追1次氮肥和磷、钾肥，每667平方米追施氮磷钾复合肥225千克。开花前，土壤应保持适当水分，要注意小水勤浇。开花坐果期应减少浇水，以免生长过旺而化瓜。坐果7～20天为果实膨大最快的时期，可结合追肥浇水。果实接近成熟时要停止浇水，保持适当干燥，以利于提高瓜的品质。

(3)整枝、授粉、留瓜　秋冬茬栽培，无论中早熟品种还是晚熟品种，一般均采用单蔓整枝，但中早熟品种采用以子蔓做结果蔓的单蔓、单瓜的整枝留果方式，即在幼苗具4～5片真叶时摘心，留一健壮子蔓做结果蔓，在子蔓第十至第十五节授粉留1个瓜。秋季栽培，由于高温、高湿，幼苗易徒长，花芽分化不良，摘心后能促苗健壮，有利于花芽分化。秋季后期温光条件不适，若多次留瓜，则后留的瓜不能正常成熟。对于中晚熟品种既可采取中早熟品种的整枝方式，也可采用以主蔓不打头的单蔓、单瓜整枝方式，在主蔓第十二至第十五节授粉留瓜。留瓜数不能一概而论，像小果型的伊丽莎白等品种，就可留2个瓜。由于是隔离栽培，棚内无虫媒，为提高坐果率和促进果实尽快膨大，必须进行人工授粉。

(4)适时采收　秋冬茬甜瓜栽培，在棚室内温度、湿度、光照等条件尚不致使果实受寒害的前提下，可适当延晚采收，推迟上市时间，以获得较好的经济效益。因此时天气较冷，棚温不高，瓜的成熟速度较慢，成熟瓜在瓜秧上延迟数天收获，一般不会影响品质。

(五)大棚、日光温室内的配套与特殊栽培技术

1. 滴灌栽培技术 滴灌是指将低压水通过管道送到滴灌道，从滴头一滴一滴地、均匀缓慢地滴入甜瓜根部附近的土壤。采用滴灌浇水可以大大降低保护地内的空气湿度，减少植株发病率，同时还可进行科学量化浇水，节水40%以上，节省田间作业量等。实行滴灌栽培技术要做好以下工作。

(1)*整地做畦* 软管滴灌栽培要求地势平坦，整地精细，施足基肥。对做畦的质量要求较高，只有畦平垄直才能达到配水均匀一致，土壤表层颗粒也要整细整碎。做畦以小高畦为主，畦高15～20厘米，畦距150～160厘米，畦面宽80～90厘米，沟宽60～70厘米，畦为南北向。

(2)*滴灌设施的安装* 滴灌系统包括压水源、田间首部、输水管道、滴灌管等。根据滴灌管的不同，甜瓜上常用的分为双上孔单壁塑料软管和内镶式滴灌管，双上孔软管滴灌的设备是采用直径为25～32毫米的聚氯乙烯塑料滴灌带做滴灌毛管，配以直径为38～51毫米的硬质或同质塑料软管为输水支管，辅以接头、施肥器及配件。一次性每667平方米投资250～600元，使用寿命1～3年。内镶式滴灌管管径为10毫米或16毫米，滴头间距30厘米，工作压力0.1兆帕，流量为每小时2.5～3升。该滴灌由于采用先进注塑成型滴头，然后再将滴头放入管道内的成型工艺，因此能够保证滴头流通均匀一致，使各滴头出水量均匀一致。一次性每667平方米投资600～1 500元，使用寿命为5年以上。

(3)*铺设方法* 将滴灌毛管顺畦向铺于小高畦上，出水孔朝上，将支管与畦向垂直方向铺于棚中间或棚头，在支管上安装施肥器。为控制运行水压，在支管上垂直于地面连接一透明塑料管，用于观察水位，以水柱高度为80～120厘米的压力

运行，防止滴灌带运行压力过大。然后检查各出水孔流水情况，检查完毕开始铺设地膜。

（4）育苗　滴灌栽培由于水量集中于畦面，浸水面积小，大部分地面处于干燥状态，土温比常规沟灌提高0.5℃～2℃，因此春季可提早3～4天定植，也应相应提早播种。其他工作与常规保护地育苗相同。

（5）定植　宜采用南北向畦。畦上行距50～60厘米，株距40～45厘米，每667平方米1 800～2 000株。

（6）田间管理　采用立架栽培、单蔓整枝等常规保护地栽培措施，不同的有以下几点：①水分管理。土壤湿度观测的简便方法是采用灌水指标控制，即在土壤中安装一组15～30厘米的土壤水分张力计，用以观察各个时期的土壤水分张力值。灌水指标一般以灌水开始点PF表示，即土壤水分张力的对数，在张力计上可直观地读出。达到灌水开始点时，视天气情况、生长时期、生长势等因素决定是否灌水。甜瓜适宜的灌水指标是营养生长期PF为1.8～2，开花授粉期PF为2～2.2，结瓜期PF为1.5～2，采收期PF为2.2～2.5。灌水还可用同压力下的灌水时间来控制，并结合天气、植株长势等因素决定灌水时间的长短。定植水以达到湿润土坨为度，双上孔软管滴灌定植水需5～6小时，平时灌水时间每次为2～2.5小时。内镶式滴灌管灌水时间应适当延长。采收前7～10天停止灌水。②施肥。施肥以基肥为主。若追肥以速效磷、钾肥为主，由压力观测塑料管施入易溶解的速效肥，注意肥料要随灌水施入，切不可只追肥不浇水，否则会造成严重的烧苗。③病虫害防治。采用滴灌方式，畦间始终保持土壤干燥状态，降低了空气相对湿度，从而减轻了病害的发生程度，平时只要注意通风换气，定期用药剂防治，即可控制病害的发生与蔓延。

2. 无土栽培技术 哈密瓜无土栽培就是不用土壤种瓜，而是将甜瓜栽培在营养液中或固体基质中，由营养液或基质为植株提供充足的水分、养分、氧气，并把植株固着在基质上，使其能正常生长结果。栽培方式有水培和基质培两种。水培是将甜瓜根系漂浮在营养液中，或向根系喷营养液；基质培是将甜瓜幼苗栽植在固体基质中，再加入营养液。中国农业科学院蔬菜花卉研究所在基质栽培的基础上研制了一套有机生态型栽培技术，即在基质中混入足够的有机肥，生长期内根据生育需要再追施有机肥，平时只滴清水，不滴营养液。无土栽培要抓好以下工作。

(1)*无土栽培设施* 主要有不漏水的栽培槽、支撑作物根系和管理根系的设施、向根系供给营养液的设施和其他附属设备。在各种不同形式、种类的无土栽培中，这些基本设施的组成各有不同，但是最基本的组成设施都是相同的。现分述如下：①不漏水的栽培槽。它是无土栽培的最基本设施。栽培槽有用混凝土或塑料制作的，其主要作用是盛装基质，固定作物的根系，并允许定时流过营养液，以便向根系供应营养和水分。栽培槽一般宽20～30厘米或60～90厘米，深12～20厘米，侧面呈三角形，长度为20～30米。其长度主要取决于场地安排及便于供排液。内装蛭石等基质的栽培槽，或无基质的水培栽培槽，安装时要求有1/200的坡度。由于供液时槽内液面很高，所以槽的两侧必须放置在同一水平面上。栽培槽的一端必须有供给营养液的供液管道，另一端相应设置排液管道。②根系固定和根群形成的设施。使用基质栽培时，可将基质置于栽培槽内，将幼苗按规定株距定植于基质内。如果是无机质的无土栽培，根系直接与流动的营养液相接触，没有基质固定根系，因此必须在水面上安装支持根系的装置。栽培槽上必须有盖，按规定株距在盖上设孔，把装有基质的营养钵从孔内插入到营养液内，营养钵上需有孔，以便供液时营养液进入钵内向根系提供营养和水。或把定植苗根系洗净，在根际处用细绳把苗吊起以固定幼苗。也可把育苗钵等放在钵座上用以固定根系。③向根系供给营养的设施。包括氧气供给、在营养液流动中过滤有害物质并保持营养液温度的设施及附属设备。营养液的循环供应，是从排液口借流体压力把营养液排到贮液池内。贮液池内的营养液用水泵提到供液管内向栽培槽内供液。

（2）甜瓜无土栽培的模式　主要有以下 3 种：①深水流栽培法。栽培槽内循环流动的营养液深度保持在 7～10 厘米，每天循环流动 14 小时，以保证供给充足的氧气。此法为深根系的甜瓜创造了良好的发育条件。但应特别警惕青苔污染。②基质加营养液栽培法。在大棚内用砖砌成槽，基质为泥炭＋沙混合、50％木屑＋50％菇渣混合、椰子纤维＋炉渣混合 3 种。基质原料全部须经堆沤腐熟和杀菌消毒，并混入一定数量的农家肥，再滴以营养液，每天滴 1～2 次，每周用清水冲洗 1 次，以防盐分累积。农家肥与化肥结合，栽培的甜瓜品质较好，细嫩可口，可溶性固形物含量一般在 15％以上，最高可达 18％。基质栽培比水栽培棚内湿度小，平均相对湿度为 67％，发病率低，用药量少。③加肥基质栽培法。用炉渣＋泥炭或木屑＋沙做基质，混施消毒鸡粪、蛭石复合肥，只滴清水不用营养液种植厚皮甜瓜，效果良好。这种方式简便易行，成本低，适于大面积推广。

以下介绍较为适合我国国情的加肥基质栽培法，也称为有机生态型无土栽培。

有机生态型无土栽培除了投资设备少、肥料成本低（约比水培法降低一半以上)、技术操作比较简单,易于被种瓜专业户掌握等优点外,由于基质与有机肥混用后,改良了基质结构,增强了保水、保肥力与通气性,使植株能够充分利用各种营养元素,因此能使植株生长健壮,开花坐果整齐,坐果节位低,成熟早,果实外观美,品质风味好。其综合效果表现优于营养液水培栽培。此外,其排出液中的盐分少,硝酸盐浓度远低于国际标准,对环境无污染,可生产出绿色食品。

有机生态型无土栽培的技术要点如下:①季节与品种的选择。多年的实践证明,在东部季风农业气候区内进行厚皮甜瓜无土栽培生产。在有效温度季节范围内,应避开雨季,选择旱季种植最为适宜。在华南沿海地区如广州等地,可以种植两季,春茬 2 月份播种,5 月份采收;秋茬 8 月初播种,10 月下旬成熟。海南南部地区的旱季在冬、春期内,可安排 10~12 月份与翌年 1~4 月份两季种植。华北、华东一带,6 月份开始逐渐进入雨季,故无土栽培均实行春提前播种,在雨季到来之前成熟。新疆吐鲁番盆地光、热资源丰富,虽然全年干旱少雨,但从市场需求考虑,哈密瓜的无土栽培亦可安排春、秋两茬种植,春茬 1 月中下旬播种,4 月下旬开始采收;秋茬 8 月初播种,11 月初成熟。厚皮甜瓜无土栽培一般宜选用经济价值大、商品档次高的品种,故多选用哈密瓜型和网纹型优质品种,如新疆维吾尔自治区农业科学院园艺研究所选育的金凤凰、白玫、绿宝石、雅红,西域种业集团选育的西域 1 号、3 号等网纹品种。但华东地区的春季栽培要赶在雨季前采收的,则宜选择熟性较早的光皮类型或半网纹的优质品种。②基质的选择与有机肥的施用。有机生态型无土栽培上用的基质来源很多,主要有两类:一类是无机基质,如沙、石砾、珍珠岩、岩棉、蛭石、炉渣、多孔陶粒等;另一类是有机基质,如泥炭、木屑、稻壳、蔗渣、椰子纤维等。最好将二者混合使用，以便克服单一基质在通气性、保水力等方面的不足。具体选择时，应掌握就地取材和有机无机混合搭配的原则。关于有机肥的施用方法，现举应用成功的两个例子如下：一是中国农业科学院蔬菜花卉研究所用炉渣＋泥炭或木屑＋沙做基质，每667平方米混施消毒鸡粪200千克，蛭石复合肥50千克；二是新疆维吾尔自治区农业科学院园艺研究所用草泥炭和蛭石按5∶4的配比做基质，每立方米施鸡粪9.6千克，饼肥10千克，硫酸钾2.56千克，坐果后追加羊粪9.6千克。③田间管理。有机生态型无土栽培均采用栽培槽种植。栽培槽用砖砌成，内径宽50厘米、高18厘米，长度一般20米左右，槽底铺一层塑料布与土壤隔离，槽中装填基质1.25立方米。装槽前，把有机肥(鸡粪和饼肥)倒入基质中，充分混合后再装入槽内。定植后20天左右开始追施硫酸钾，分6次追施，每间隔10天追施1次，羊粪在坐果后追施。结合追肥用滴灌带滴灌清水，平均每天每株灌水量为1.5升。

采用立架栽培，其单蔓整枝，整枝留果与人工授粉技术同一般栽培。

厚皮甜瓜无土栽培的病害防治十分重要，尤其是在果实发育中、后期，稍一不慎就会导致失败。无土栽培没有土传病害枯萎病，危害最严重的是蔓枯病和白粉病，其次是霜霉病，防治方法同一般栽培。

(3)*二氧化碳施肥技术* 大棚、温室内冬、春季气体交换少，空气中的二氧化碳含量低，会影响甜瓜的光合作用而影响生长和产量的形成。二氧化碳施肥就是采用人工方法增加空气中的二氧化碳浓度。二氧化碳的施肥方法主要有3种：①在棚内堆放厩肥，在厩肥分解过程中自然释放出二氧化碳。

②施用干冰或燃烧天然气，但这种方法需要一定的设备，成本较高。③用强酸和碳酸盐经化学反应产生碳酸，碳酸在常温下很快分解成水和二氧化碳气体。目前，应用较多的是稀硫酸和碳酸氢铵反应。这是一种比较简便实用的方法。具体施用方法是：先在塑料桶内放入适量的水，然后将硫酸缓慢倒入水中，一边搅拌一边倒入，水与硫酸的比例为 3∶1，在大棚内每隔 5～7 米放一个桶，因二氧化碳比重比空气大，故桶应用铁丝吊在棚架上，桶高应稍高于甜瓜植株。晴天揭草苫后半小时左右即可往桶中放入碳酸氢铵。碳酸氢铵的用量是每立方米 5～7 克。

(4)其他配套技术　在密闭或半密闭的大棚、温室内进行甜瓜栽培，其他配套栽培技术还有：采用烟剂（如百菌清烟剂、杀瓜蚜烟剂等）进行熏烟的方法，用以防治病虫；使用遮阳网进行前期保温和后期遮阳降温；使用防虫网防虫；使用反光幕，以增强光照；悬挂黄色粘板粘蚜；使用银灰膜避蚜等技术。这些配套技术一般在露地栽培上是难以使用的。

第五章　甜瓜病虫害防治

一、病虫害防治的误区

甜瓜是一种对栽培技术要求较高的作物，其栽培过程中发生的病虫害不易控制。我国东部地区近年发展起来的厚皮甜瓜栽培，病虫害更易于发生。长期以来，瓜农常因未能及时发现病虫害的发生和预防不到位，导致病虫害大面积发生，最后造成严重减产甚至绝收。各地瓜农在防治病虫害上常陷入以下一些误区。

一是各地瓜农普遍存在着"重治不重防"的认识误区，不少瓜农只知治不知防，尤其是对于那些发生后难于防治的病虫害如病毒病、枯萎病、地蛆等，往往是在发生后再去治，常处于难于控制、事倍功半的境地。因此，必须改变观念，坚持贯彻"以防为主，防治结合"的方针，才能从根本上做好病虫害的防治工作。

二是有些瓜农平时不注意观察病虫害发生的先兆，不重视病虫害发生初期的防治，因而错过早期防治的时机，直到发生严重时才忙着打药，不仅费钱费力，而且效果不佳。

三是甜瓜发生病虫害后，不少瓜农只知道用化学药剂防治，不知道还有其他防治方法。对综合防治、农业防治、生物防治的长远作用和根本作用不了解，很少应用。

四是少数瓜农错误地认为防治病虫害，打药次数越多、浓度越高，防治效果越好。有的在打药时不按农药说明书的要求去做，结果达不到防治效果，甚至产生反作用，同时也造成了财力、人力浪费。有的瓜农为了能一次彻底治虫，常采用无限加大农药浓度，甚至使用剧毒农药。

五是许多瓜农对甜瓜的各种病害不能识别，对有些传染性病害如病毒病与某些生理病害辨别不清，在尚未确诊之前随意用药。

二、病虫害的综合防治技术

甜瓜病虫害的综合防治，就是把农业措施、化学防治、生物防治、物理防治等措施有机结合起来，以达到经济、有效地防治各种病虫害的目的。

各种病虫害的发生条件都不是孤立的，而是与多种因素如气候、土壤、栽培措施、田间管理等因素密切相关，因此单靠某一项防治措施很难达到理想的治理效果。另外，病害与病害之间、病害与虫害之间也有着有机联系。甜瓜一旦发生病害，常会有两种或两种以上病害同时发生；而某些虫害的发生，或直接传毒或减弱植株抗性，从而导致另一种病害的发生。例如，蚜虫引起病毒病的流行；易发生各种生理性病害的厚皮甜瓜，生理性病害的发生与栽培措施有很大关系，等等。因此，采取综合防治措施，减少引起各种病害发生的相似的外在因素；培育健壮幼苗，提高植株抗性，加上合理的药剂防治等措施，可减轻或减少病虫害发生的机会。

（一）选用抗病、耐病良种

品种间抗病性差异很大。目前，国内外都很重视抗病育种工作，通过引种、种内系统选育、杂交育种、人工诱变等育种手段，培育出若干抗病新品种。

(二)健株留种,种子消毒

由于炭疽病、枯萎病、叶枯病、细菌性病害及部分病毒病等病害都以种子带菌为主,所以制种单位要做到从健株上选留瓜种,选择晴天的早晨剖瓜取籽,清洗后立刻用 0.5%盐酸或 1%双氧水浸种消毒,再次清洗后尽快晒干。另外播种前采用药剂拌种、浸种等方法进行种子消毒。播种前,种子处理有如下 4 种方法:①浸种法。用福尔马林 150 倍液淹没种子,浸泡 1.5 小时,或用 0.1%升汞液浸种 10 分钟,然后洗净、催芽、播种。②拌种法。用相当于种子重量 0.2%~0.3%的拌种双或多灵菌或苯来特或敌克松等药剂拌种、闷种,还可用种子包衣剂处理种子,以防治病虫和减少苗期喷药。用0.2%~0.5%敌百虫拌种,可防治地下害虫。③干热处理种子法。把干燥的种子置于 68℃~72℃恒温箱内 2~5 天,可以消除种子带毒,减轻病毒、真菌、细菌病害的发生。④温汤浸种。用 3 份开水对 1 份凉水(55℃)浸种。

(三)选　地

最好选用砂壤土种甜瓜。由于土壤带菌传病,因此要与非葫芦科、茄科作物实行 5 年以上的轮作倒茬。育苗移栽的要进行苗床消毒,每 667 平方米用 50%多菌灵可湿性粉剂 0.5~1 千克,配成 1∶100 倍的药土,撒在床面,拌匀整平后再播种。

(四)加强田间管理

实行精耕细管,清洁田园,及时清除瓜田及周围杂草,生长期和收获后清除病叶、病蔓,并进行深埋;及早深耕晒垡,结合冬灌,可大幅度减少翌年的病虫来源;平整土地、挖好排灌沟,避免田间积水;重施基肥,以充分腐熟的优质农家肥为主;

采用地膜覆盖栽培;及时整枝打杈;若需追肥,应追施氮磷钾复合肥,不可偏施氮肥;科学灌排,灌水时瓜根茎部不能被淹而浸泡在水中,切忌串灌和大水漫灌,瓜沟内如有积水要及时排除。浇水后,最好结合喷广谱杀菌剂以预防病害,保护地内要注意通风降湿。

(五)科学用药,及时防治病虫害

甜瓜上禁用剧毒农药,要严防农药污染果实。应科学地选用高效、低毒、低残留的农药,合理用药。打药时注意叶背叶面都要喷到,农药最好交替使用,以免病菌产生抗药性。

(六)积极开展生物防治

田间应尽可能减少喷洒化学农药,保护天敌,利用天敌抑制害虫。施用生物制剂防治害虫。

(七)应用各种物理因子

应用热力处理、辐射处理等方法处理种子。利用机械设备风选、水选来筛选种子。根据昆虫的趋化、趋光特性,采用多种现代工具集中消灭害虫,减轻病虫害的发生,既省工、省药、降低成本,又不污染环境。

(八)保护地利用生态调控综合防治病虫害的特殊方法

保护地栽培病虫害的防治与露地栽培的不同之处有以下几点:

1. 光热消毒 传统农业中的夏季翻耕晒垡和季节性灌水淹田的耕作栽培技术,具有杀菌杀虫的作用。利用太阳能进行保护地土壤消毒的做法,是在夏季保护地拉秧之后立即清洁田园,清除病残体集中烧毁,施肥,起高垄,灌透水覆膜密闭,保持土壤水的过饱和状态,使土壤缺氧,在 20 厘米土层内温度上升到 50℃以上,密闭 10 天以上,可杀死土壤中多种致病微生物、害虫和根结线虫。

2. 温、湿度调控 温室拱棚种植的甜瓜，可以人工调控温、湿度，控制病害的发生与发展。枯萎病在24℃～32℃，疫病在28℃以上，地面有积水时大量发生；霜霉病发病的关键因素是叶面上存有水滴与水膜。多种病害的发展都与高湿有关，如灰霉病、蔓枯病、角斑病、炭疽病、叶枯病、疫病等。但白粉菌分生孢子在水滴和水膜中超过半小时，会因吸水膨胀而破裂死亡。因此，控制灌水，减少农药喷雾，科学通风，控制温度与湿度，显得十分重要。

3. 消毒及隔离 保护地的土壤处理与温室拱棚消毒，可有效地控制土传病害与气传病害。只要做到不栽种带有病虫害的瓜苗，结合温室拱棚消毒、加挂防虫网等，就可控制那些可随幼苗移栽定植扩散的白粉虱、斑潜蝇、蚜虫、叶螨等害虫的危害。

4. 推广熏烟法与粉尘法 采用熏烟法防治病虫害比喷粉、喷雾分布更均匀，省工、省力、省器械；同时，不喷水不至于诱发或加速病害的发展。常用的烟剂有百菌清烟剂、速克灵烟剂、特克多烟剂、腐霉利烟剂、敌敌畏烟剂、杀瓜蚜烟剂等。它们分别用于防治霜霉病、灰霉病、白粉病、炭疽病、疫病、叶霉病、蚜虫、白粉虱等。还可使用粉尘法防治病虫害。粉尘比粉尘剂颗粒更细，有如空气中的尘埃，可均匀地沉积到植株的各部位。粉尘剂不像烟剂那样容易逸散，对棚室密闭度要求不严。粉尘剂可用喷粉器喷撒。喷撒粉尘剂要防潮、防雨。

三、主要病害的防治

我国南、北方均有瓜类作物常见病害的发生，病害在瓜类全生育期均可发生，以中后期为重。甜瓜比黄瓜、西葫芦、南瓜、瓠瓜等更易感病。

1. 白粉病

【症　状】 此病主要侵染叶片、叶柄，茎蔓也可受害，果实受害少。发病初期，叶面上产生白色粉状小霉点，不久逐渐扩大成一片白粉层即病菌菌丝体、分生孢子梗及分生孢子，以后蔓延到叶背、叶柄和蔓上、嫩果实上。后期白粉层变灰白色，白粉层中出现散生或堆生的黄褐色、小粒点，以后变成黑色，即病菌有性世代的闭囊壳，病叶枯焦发脆，致使果实早期生长缓慢。

【发病规律】 甜瓜白粉病以有性世代的闭囊壳随病残体遗留在田间越冬，或以菌丝体在温室植株上越冬。田间发病靠产生的分生孢子借气流传播，其次靠雨水传播。分生孢子在10℃内都能萌发，而以20℃～25℃为最适。灌水过多，排水、通风不良以及闷热，病势发展快，病情严重。

【防治方法】 应选用抗病品种、加强栽培管理与药剂防治相结合的综合防治措施。①农业防治。田间应注意加强水肥管理，防止植株徒长和早衰，施用有机肥、氮磷钾复合肥，保持植株通风良好。及时整枝打杈，甜瓜收获后清除病株残体，以减轻翌年初侵染源。②药剂防治。调查发病中心，植株发病初期及早喷药，控制病原蔓延。选用15％粉锈宁可湿性粉剂1000～1500倍液或20％粉锈宁乳油1500～2000倍液，每隔15～20天喷1次，防治效果显著。也可用50％硫黄悬浮剂200～300倍液，或30％敌菌酮400倍液，或50％甲基托布津可湿性粉剂1000倍液，或50％托布津可湿性粉剂500～800倍液，或多硫磷1000倍液，每隔7～10天喷1次。每667平方米喷药液60升左右。

2. 根结线虫病

【症　状】 该病主要危害根部。子叶期染病，可导致幼苗死亡。成株期染病，主要危害侧根和须根，发病后侧根和须根上长出大小不等的类似绿豆大小瘤状根结，表面白色、光滑，后期变成褐色，整个根肿大粗糙，呈不规则状。由于根部组织内发生生理生化反应，使水分和养分的运输受阻，致使上部叶片黄化，类似营养不足的症状，有的植株叶片瘦小、皱缩，开花不良，导致减产严重。

【发病规律】 根结线虫在土壤表层5～30厘米生存，病土、病苗及灌溉水是它的主要传播途径。线虫发育适温为20℃～30℃，致死温度为55℃下5分钟。线虫喜好气土壤，田间土壤湿度大有利于其活动，但在过湿土壤中，其活动受到抑制。另外，沙质土壤比黏质土壤发病重。线虫活动在适温范围内与温度呈正相关：春季气温低，发病晚而慢；秋季气温高，发病早而快。该病为土传病害，因此连作发病重。

【防治方法】 在南方稻区或水源便利的地方放水漫灌数月，能有效地杀灭根结线虫，防止根结线虫侵染。实行2年以上的轮作，有条件的最好实行水旱轮作；在定植前沟施或穴施10％力满库颗粒剂，或3％米乐尔颗粒剂，或3％呋喃丹颗粒剂，然后移植幼苗，效果较好。在大棚等保护地内，还可采用夏季闷棚进行高温消毒。

3. 病毒病

【症　状】 在甜瓜叶及果实上均可出现症状。叶部发生深绿色疱斑样花叶，整株有萎缩感。果实上有清晰的花叶斑纹。网纹甜瓜上的网纹形成不良。

【发病规律】 冬季没有进行保护地栽培的地方，病原病毒主要在豌豆、菠菜、蚕豆等带有病毒（WMV2）的越冬植物上越冬。在有保护地栽培的地方，则在瓜类作物等宿主上，以病株成为传染源，桃蚜、瓜（棉）蚜等多种蚜虫均可传毒。主要通过接触传染，如进行整枝、摘果等管理作业时，通过手指、利刃等传染，传染率高。没有种子传染和土壤传染。

【防治方法】 采用保护地栽培时，应在侧窗等处盖防虫网，阻止有翅蚜虫飞入传毒。要定期防治侵入的蚜虫。及时发现并清除病株。在进行田间管理时，对剪切工具要进行消毒，防止接触传染。

4. 甜瓜枯萎病

甜瓜枯萎病又称萎蔫病、蔓割病，是瓜类重要病害之一。该病在全国各地均有发生，常造成大片瓜田植株死亡。该病由土壤侵染，是从根、根颈部侵入维管束寄生的系统性病害。

【症　状】 该病的典型症状是萎蔫，瓜类生长的全生育期都能发病，但以伸蔓期到结果期发病最重。多在植株开花至坐瓜期发病。发病初期，植株表现为叶片从基部向顶端逐渐萎蔫，中午尤其明显，早晚尚可恢复，数日后植株全部叶片萎蔫下垂，不再恢复常态。茎蔓基部稍缢缩，表皮粗糙，常有纵裂，且内部维管束变色。

【发病规律】 枯萎病菌主要以菌丝体、厚垣孢子和菌核在土壤和未腐熟的带菌肥料及病残体中越冬，种子内部或表面都能带菌，是翌年发病的初次侵染源。病菌离开寄主，在土壤中仍能存活 5～6 年，厚垣孢子及菌核通过牲畜的消化道后仍保持其生活力。病害在田间主要依靠灌溉水、风雨和土壤耕作（如肥料、农具和种子等）传播。地下害虫和线虫也可带菌，是其传播媒介，它们在根和根颈部造成伤口，为病害侵入创造了条件。

【防治方法】 采取以加强栽培管理为主，以轮作倒茬、选用抗病品种、合理灌水为中心，以药剂防治为辅助的综合防治方法。

一是农业防治。①轮作。最好与非瓜类作物实行5年以上的轮作，也可实行水旱田轮作。②加强栽培管理。播前平整好土地，施足腐熟的有机肥做基肥。灌足底水，幼苗期适当灌水，生长期浇水时采用细流灌溉，严禁漫灌和串灌。追施有机肥，合理搭配氮磷钾复合肥，可增强瓜株抗病性。③选用抗病品种。一般薄皮甜瓜比厚皮甜瓜抗病，故应采用薄皮甜瓜品种。④嫁接防病。瓜类枯萎病有明显的寄生专化型。因此，可以用南瓜、瓠瓜做砧木进行嫁接栽培。

二是药剂防治。①播种前在重病田穴施药土，药土的比例为1∶100，在穴内下铺上盖，然后覆土。药剂可选用25%苯来特，或50%多菌灵，或50%甲基托布津，或40%拌种双粉剂，或40%五氯硝基苯，每667平方米用药0.5～1千克。②发病初期灌根。田间发现零星病株时，可选用苯来特、甲基托布津、多菌灵、苯菌灵、敌克松500～1 000倍液在植株根围浇灌，每株用药液200～250毫升，每隔7～10天灌1次，共灌2～3次。

5. 甜瓜蔓枯病

甜瓜蔓枯病又称黑斑病、黑腐病，是甜瓜产区较为普遍发生的一种病害。有时个别地块发病严重，也可造成整片病株枯死。大棚、温室无土水培的厚皮甜瓜发病率可高达90%以上。该病还侵害西瓜、黄瓜、西葫芦、冬瓜等瓜类作物。

【症　状】　主要危害瓜蔓，叶和果实也会受害。病蔓开始在近节部呈淡黄色的油浸状斑，稍凹陷，病斑椭圆形至菱形，病部龟裂，并分泌黄褐色胶状物，干燥后呈红褐色或黑色块状。生长后期病部逐渐干枯，凹陷，呈灰白色，表面散生黑色小点，即分生孢子器及子囊壳。叶片上呈圆形或不规则形黑褐色病斑，其上有不很明显的同心轮纹；叶缘老病斑上有小黑点，病叶干枯呈星状破裂；果实上初期产生水渍状病斑，中央变褐色枯死斑，呈星状开裂，引起瓜腐烂。蔓枯病与枯萎病不同之处是病势发展缓慢，维管束不变色。不同甜瓜品种抗病性有明显差异，一般薄皮甜瓜较厚皮甜瓜抗病性强。

【发病规律】 保护地栽培病虫害防治与露地栽培既有相同之处，又有不同之处。病菌以分生孢子器和子囊壳在病残体上和土壤中越冬，种子表面也能带菌。翌年分生孢子或子囊孢子借助气流、雨水传播。病原菌可从茎的节间、叶和叶缘水孔及伤口侵入。高温高湿、叶蔓茂密、通风不良、缺肥植株生长弱，有利于发病；重茬地、低洼地发病重；施肥和整蔓造成伤口时，病菌易侵染。

【防治方法】 ①农业防治。以健株留种，播前种子消毒；实行2～3年的轮作；施用充分腐熟的有机肥，并注意氮、磷、钾肥的合理搭配。②药剂防治。在发病初期全面喷施70％代森锰锌可湿性粉剂500倍液，或50％甲基托布津或多菌灵可湿性粉剂500倍液，或70％百菌清可湿性粉剂600倍液，或50％混杀硫悬浮剂500～600倍液。也可用1∶50倍甲基托布津或敌克松或甲基托布津液＋杀毒矾液涂抹病部。

6. 霜霉病

霜霉病在甜瓜产区的发生轻重不同。多雨季节及田间湿度大的地块，瓜膨大时如感染此病，病势扩展迅速，叶片焦枯，致使甜瓜果实不能成熟。该病流行年份可减产30％～50％，含糖量降低2～3度，损失严重。该病对甜瓜、黄瓜危害严重，亦可危害丝瓜、西瓜。

【症　状】 该病主要危害叶片。发病初期，叶片上先出现水浸状黄色小斑点；病斑扩大后，受叶脉限制呈不规则多角形，呈黄褐色。在潮湿的条件下，叶背病斑上长有灰黑色霉层（即孢囊）。病情由植株基部向上蔓延，严重时病斑连成片，全叶黄褐色，干枯卷缩，叶易破，病田植株一片枯黄；瓜瘦小，品质变劣，甜瓜含糖量降低。

【发病规律】 病菌以卵孢子在土壤中的病残体上越冬，也可在温室甜瓜上越冬。病原菌以菌丝体、孢子囊通过气流、雨水、害虫传播。孢子囊萌发后，自寄主气孔或直接穿透寄主表皮侵入。霜霉病的发生和流行与温、湿度特别是湿度关系最大。湿度越高，孢子囊形成越快，数量越多。孢子囊的萌发在叶面必须有水滴或水膜，在干燥条件下，孢子囊经 2～3 天后即失去萌芽力。因此，暴雨、大雨或漫灌后，病组织出现水渍状，并迅速扩展，易造成病害发生和流行。孢子囊的产生，要求光照和黑暗交替的环境条件，一般连作地、地势低洼、栽培过密、肥料不足、浇水过多、排水不良、地面潮湿等地发病重。品种间抗性有明显差异。

【防治方法】 ①农业防治。种植抗病性较强的品种。选择地势高、土质肥沃、砂壤土地块栽种甜瓜。施足基肥，追施磷、钾肥；在生长前期适当控水，结瓜后严禁大水漫灌，并注意排除田间积水；及时整枝打杈，保持株间通风良好。②药剂防治。霜霉病通过气流传播，发展迅速，易于流行。故应在发病初期及早喷药才能收到良好防效。常选用的药剂有 72％克露（克霜氰、霜脲锰锌）可湿性粉剂 700 倍液，72％普力克水剂 600 倍液，25％瑞毒霉可湿性粉剂或 25％甲霜灵可湿性粉剂 800～1 000 倍液，70％百德富可湿性粉剂或 40％乙磷铝可湿性粉剂 250～300 倍液，75％百菌清可湿性粉剂 600 倍液，68％甲霜锰锌可湿性粉剂 400 倍液，70％乙磷锰锌可湿性粉剂 500 倍液，64％杀毒矾可湿性粉剂 400 倍液，50％福美双可湿性粉剂 500 倍液，波尔多液 1∶1∶200 倍液，应注意苗期有些品种易产生药害，每 667 平方米喷药液 60～70 升，隔7～10天喷1次。

若霜霉病与细菌性叶斑病混发，可喷 50％琥胶肥酸铜(DT)可湿性粉剂 500 倍＋25％甲霜灵可湿性粉剂 800 倍混合液，混合药液应现用现配。

7. 炭疽病

该病为田间常见病害，各地均有发生。贮运期间仍可继续危害。

【症　状】　甜瓜生长全生育期均可发病，以中、后期发生为重。叶片发病，初为黄色水浸状圆形病斑，病斑扩大后变褐色，有时出现同心轮纹，干燥时病斑易破碎。茎蔓或叶柄上的病斑椭圆形，稍凹陷，上生许多黑色小斑点，即病菌分生孢子盘。果实病斑初为暗绿色水浸状小斑点，后扩大成圆形、凹陷的暗褐色病斑，凹陷处常龟裂。潮湿时，病斑上溢出红色黏质物，即病菌的分生孢子堆，严重时病斑连成片造成瓜果腐烂。

【发病规律】　病菌主要以菌丝体或拟菌核(未发育成的分生孢子盘)在土壤中的病株残体或种子上越冬。越冬后的病菌产生大量分生孢子，是重要的初次侵染源。潜伏在种子上的菌丝体直接侵入叶片引起幼苗发病。病菌分生孢子主要借风、雨水、流水、甲虫和人、畜活动进行传播。在甜瓜贮藏运输期间病菌也能侵入发病。

【防治方法】　①加强栽培管理。选择排水良好的砂壤土种植。与非瓜类作物进行 3 年以上的轮作。施足基肥，增施磷、钾肥，提高植株的抗性。雨后及时排除田间积水，收获后把病蔓、病叶和病果清除出田外，烧毁或深埋。②药剂防治。发病初期开始喷药，可选用65％代森锌可湿性粉剂400～600倍液，70％代森锰锌可湿性粉剂500倍液，50％多菌灵可湿性粉剂500～700倍液，50％甲基托布津可湿性粉剂700倍液，80％炭疽福美可湿性粉剂800倍液，2％抗霉菌素（农抗120）200倍液，每隔7～10天喷1次，连续喷2～3次。喷药时，混入微肥或喷施宝，效果更佳。贮藏或远途运输的瓜，必须经过严格挑选，剔除病果、伤果。有条件时，采用低温贮运或涂抹保鲜剂，温度最好控制在4℃左右。温度过高过低都易造成果实腐烂。

8. 叶枯病

该病是危害甜瓜叶片的主要病害之一，其病原菌除危害甜瓜外，还能危害黄瓜、南瓜、丝瓜、冬瓜等。

【症　状】　主要危害叶片。真叶染病初见褐色小点，后病斑逐渐扩大，边缘稍隆起；病健部界线明显，但轮纹不明显；边缘呈水渍状，几个病斑汇合成大斑，导致叶片干枯。果实染病，症状与叶片类似，病菌可侵入果肉，形成果腐。

【发病规律】　以菌丝体在病残体内及分生孢子在病组织外或粘附在种皮上越冬，成为翌年的初侵染源。分生孢子借气流或雨水传播，萌发后可直接侵入叶片，如条件适宜，3天即可显症，不久形成分生孢子进行再侵染。如坐瓜后遇25℃以上气温及高湿，病害易流行，特别是浇水后或风雨过后，病害迅速扩展。土壤瘠薄、生长弱的瓜田发病重。

【防治方法】　①农业防治。选用无病种瓜留种；用相当于种子量0.3％的75％百菌清可湿性粉剂，或50％扑海因可湿性粉剂拌种；也可用福尔马林300倍液闷种2小时，清水冲洗后播种；不与葫芦科作物连作，尤其不要与大棚黄瓜邻作；

加强栽培管理，增施有机肥，提高植株抗病力，防止大水漫灌，早期发现病叶及时摘除深埋或烧毁。②药剂防治。进入开花期后，保持日均温25℃以上。发病前开始喷洒75%百菌清可湿性粉剂600倍液，或58%甲霜灵锰锌可湿性粉剂500倍液，或40%大富丹可湿性粉剂400倍液，或50%扑海因可湿性粉剂1 500倍液，或50%速克灵可湿性粉剂1 500倍液，每隔7～10天喷1次，连续喷4～5次。病情严重时，雨后补喷可提高防效。

9. 疫　病

疫病又称死秧，是危害甜瓜的主要病害之一。高温、高湿易发病，特别是在雨后，病害来势猛，短短几天内瓜秧全部萎蔫、死亡。疫病的病原菌除危害甜瓜外，还能侵害西瓜、黄瓜、葫芦、笋瓜、南瓜、冬瓜等葫芦科及茄科作物。

【症　状】　疫病病菌能侵害根、茎、叶、果实，以茎蔓及嫩茎节发病较多，成株期受害最重。发病初期，茎基部呈暗绿色水渍状，病部渐渐缢缩软腐，呈暗褐色，患病部叶片萎蔫，不久全株萎蔫枯死，病株维管束不变色。叶片受害后，产生圆形或不规则形水渍状大病斑，扩展速度快，边缘不明显，干燥时呈青枯，叶脆易破裂。瓜部受害软腐凹陷，潮湿时，病部表面长出稀疏的白色霉状物，即孢子囊和孢囊梗。

【发病规律】　病菌以菌丝体、卵孢子等随病残体在土壤或粪肥中越冬，成为翌年主要初次侵染源，种子带菌率较低。翌年条件适宜时，孢子萌发长出芽管，直接穿透寄主表皮侵入体内，在田间靠风、雨、灌溉水及土地耕作传播；寄主发病后，孢子囊及游动孢子借气流、雨水传播，进行重复侵染，使病害迅速蔓延。病菌发病适温为28℃～30℃，当旬平均气温为23℃时开始发病。在适温范围内，高湿（空气相对湿度85%

以上)是本病害流行的决定因素。发病高峰多在暴雨或大雨之后，如田间地势低洼处的积水不能及时排除，再遇大水漫灌，病害将严重发生。该病为土传病害，连年栽种瓜类作物的田块发病重。施用带病残物或未腐熟的厩肥易发病。追肥伤根者，发病重。

【防治方法】 ①农业防治。选用5年未种过葫芦科、茄科的肥地种植，尤以砂壤土新荒地为好。加强田间管理，采用高畦栽培，土地整平，开好沟；植株生长前期和发病初期要严格控制灌水，中午高温时不要浇水；严禁串灌，防止田间有积水。合理施肥。田间发现病株及早拔除，收获完毕后及时清除田园残物。②药剂防治。根据预报，在病害即将发生时使用化学药剂灌根或喷雾，选用72%克露(霜脲锰锌)可湿性粉剂700倍液，69%安克锰锌可湿性粉剂1 000倍液，72.2%普力克水剂600倍液，25%甲霜灵可湿性粉剂800～1 000倍液，58%甲霜灵锰锌可湿性粉剂500倍液，64%杀毒矾可湿性粉剂400～500倍液，70%乙磷·锰锌可湿性粉剂500倍液，25%甲霜灵、40%福美双可湿性粉剂按1∶1比例混合800倍液灌根，每株灌药液0.25～0.5升，每隔7～10天灌1次，连续灌3～4次。

10. 角斑病

该病对甜瓜、黄瓜影响最大。甜瓜受害严重时，品质变劣、产量下降。此病除危害甜瓜、黄瓜外，还可侵染西瓜、南瓜、西葫芦、冬瓜及茄科、豆科作物。

【症　状】 甜瓜全生育期均能发病，主要危害叶片，也可危害茎蔓及果实。病状最早呈现在子叶上，为圆形或不规则的浅褐色、半透明点状病斑。在潮湿条件下，叶片呈现水渍状小点，病斑逐渐扩大，受叶脉限制呈多角形或不规则形，有时叶背病部溢出黄白色液体(即菌脓),后期病叶变黄褐色干枯。病斑变脆而易开裂、脱落。茎蔓、果实上的病斑初呈水渍状、凹陷,并带有大量细菌黏液,果实表面病斑处易溃烂,裂口向内扩展一直达种子上,致使种子带菌。

【发病规律】 病菌随病残体在土壤中或附着于种子表面越冬,成为翌年的初侵染源。病菌可由寄主的伤口和自然孔口侵入,带菌种子发芽时亦可侵入子叶,通过风雨、昆虫和人的接触传播,形成多次重复侵染。气温22℃~28℃时,潮湿多雨,田间湿度大,是病害发生的主要条件。地势低洼、连作田发病重。

【防治方法】 ①农业防治。与非葫芦科、茄科、豆科作物实行2年以上的轮作。选无病瓜留种,并于播种前进行种子消毒。消毒方法是:用55℃温水浸种20分钟,或用0.1%升汞液浸种10分钟,或用次氯酸钙300倍液浸种30~60分钟,捞出后清水洗净。或用硫酸链霉素或新植霉素浸种2小时,捞出催芽播种。及时清除病叶、病蔓深埋。及时追肥、合理浇水,对大棚瓜要加强通风、降湿管理。②药剂防治。于发病初期用50%琥胶肥酸铜(DT)可湿性粉剂或60%琥·乙磷铝(DTM)可湿性粉剂500倍液,或25%瑞毒铜可湿性粉剂600~800倍液,或新植霉素、农用链霉素4 000倍液喷洒,每667平方米喷洒50~70升药液。

11. 甜瓜细菌性叶斑病

【症　状】 甜瓜叶、果实及茎上均可发病。叶部病斑初为水浸状圆形斑点,然后发展为边缘黄色的褐色小斑点,并迅速扩大、变褐色扩展到叶脉,沿叶脉往叶柄发病,最后多个病斑连成大型褐色病斑,自叶缘干枯。幼果及未成熟果多在降水多的高温环境发病,果皮上出现绿色水浸状斑点。以后,在成熟果实上发展为不规则的、中央隆起的木栓化病斑，斑点周围呈绿色水浸状。木栓化斑可发生龟裂。茎上发生褐色病斑，接着病斑围着茎蔓扩大腐烂，造成茎蔓顶枯萎而死。

【发病规律】 病原细菌附着在种子上，种子发芽时侵入茎、叶发病。该病细菌也可随受害残株在土壤中越冬，随翌年水滴等从叶、茎的气孔、水孔等处侵入植株。在植株体内繁殖后从病斑及气孔等处溢出，随水滴溅散，进行重复侵染。该病在冷凉湿润的条件下发病重，夏季多日照、高温、干燥时发病轻。

【防治方法】 ①种子消毒。用45%代森铵水剂300倍液浸种15～20分钟，冲洗后晾干播种。或用氯化苦熏蒸剂对苗床消毒处理。②药剂防治。发病初期，喷洒77%可杀得可湿性粉剂800倍液，或50%消菌灵1500倍液，或72%农用链霉素粉剂或新植霉素、氯霉素、14%络铵铜水剂350倍液。

12. 细菌性果腐病

【症 状】 甜瓜在整个生育期内均可被细菌性果腐病侵染，以果实上的症状最为明显。果实初期症状为瓜面出现水渍状小点，当天气晴好、空气湿度较小时，果实表面的水渍状小点会自然愈合，呈疮痂状；当天气不好、空气湿度较大时，果实表面的水渍状小点3～5天内变成深黄色，并逐渐加深呈褐色水渍状。切开果实，有时沿果实表面向内腐烂，严重时整个果实液化变质，有时被侵染部位会收缩变硬木栓化。网纹类甜瓜受感染后伤口也能自然愈合，但在伤口周围网纹很难形成。

【发病规律】 种子带菌是细菌性果腐病传播的主要途径之一。目前，对该病的研究仍待深入，但可以确定的是在初次侵染后，病原菌可以长期存活在土壤中或在连茬瓜类作物或葫芦科野草的植株或残体中越冬，一旦条件合适就会大暴发。据观察，高温多湿是该病害得以流行的环境条件，高湿是其发生的主要诱因，病菌可通过雨水和不合理的灌水迅速传播。在比较干燥的天气，即使某些植株已经发病，也不至于大面积流行暴发，但大雨过后或大水漫灌最容易使整个田块植株发病，并蔓延到邻近田块。保护地内采用滴灌发病较少。人工操作如整枝、激素蘸果等田间操作的交互感染可加重该病的发生，另外病菌也能通过伤口、气孔、风力和昆虫传播。

【防治方法】 由于该病是最近才在全球大面积发生的细菌性病害，目前全世界范围内尚无特效农药进行防治，也未见有抗病品种报道。生产上只有对其进行全面防治才有一定效果。文献报道和栽培实践都证明，使用健康无菌的种子是防止甜瓜细菌性果腐病发生的基础。采种后，清洗过的种子用1%双氧水浸泡15分钟，捞出后再用清水清洗，然后快速干燥种子是生产健康种子的最有效措施。在确保使用健康种子的前提下，防治的关键在于切断发病途径或不给细菌性果腐病创造发病条件，应采取综合防治措施。

四、生理性病害的防治

甜瓜尤其是厚皮甜瓜属于高档果品，一旦发生生理性病害，轻者降低了果品价格，重者失去商品价值，而甜瓜又很容易发生生理性病害，因此甜瓜生理性病害的防治在甜瓜病害防治中占有很重要的地位。甜瓜生理性病害在幼苗和植株上表现子叶扭曲、植株发育不良、徒长、叶枯、凋萎等生理病态；在果实上表现为小果、南瓜形果、凸肚果、果脐突出果、日晒果、裂果、发酵果等畸形变异。

1. 子叶扭曲

甜瓜子叶出土时发育不良，子叶表现扭曲，在冬季和早春播种时发生较多。子叶扭曲主要是在出苗时受低温和土壤干燥的影响而引起的。故应提高苗床的温度和湿度，使种子顺利发芽，防止子叶发育异常。

2. 叶　枯

【症　状】　在无网纹的甜瓜品种上经常出现叶枯症。果实膨大期，在果实着生部位附近的叶片上，发生叶烧变白或组织褐变、枯死，并且逐渐扩大。叶枯往往在连续阴雨转晴后养分、水分不足时开始发生。如植株缺镁，叶片上枯死部位不固定，有时在叶缘，有时在叶脉间，有时在叶尖上。

【发生原因】　土壤干燥，土壤溶液浓度过高，土壤盐分积聚，根系吸收水分受到阻碍等，均容易发生叶枯症。如植株整枝过度，抑制了根系的生长；坐果过多，增加植株负担，加剧了根系吸收和地上部消耗水分的矛盾，会引起叶枯症。甜瓜嫁接栽培由于砧木选择不当，嫁接技术差，嫁接苗愈合不良，容易引起养分吸收不好等。

【防治方法】　①进行深耕，增施腐熟的有机肥料，改良土壤结构，改善根系的生活条件，以减少叶枯病的发生。②培育根系发达适龄壮苗，适时定植。生长前期加强土壤管理，以促进根系的生长。③合理整枝，避免整枝过度而限制根系的生长，影响吸收能力；适当留果，以减轻植株负担。④进行嫁接栽培时，选择亲和力强的砧木，改进嫁接技术，改善嫁接苗水分吸收和输送条件。⑤当发现植株缺镁症状时，每周以1%～2%硫酸镁溶液喷布1～2次，有一定效果。

3. 凋　萎

【症　状】　甜瓜果实采收前，有时在中午会出现叶片凋萎，傍晚时又恢复正常，第二天中午又出现叶片凋萎，晚上叶片再也不能恢复正常而枯死。

【发生原因】 在栽培地土壤为砂壤土，保水性差、土壤干燥；利用塑料钵育苗，幼苗根量少且易老化，移植时根系发育不良时，容易发生凋萎。留 1～2 侧枝的不发生凋萎，如整枝过度，没有侧枝的则枯死。温室栽培时棚温高、干燥，易发生枯死。从以上发生甜瓜凋萎情况分析，发病原因主要是植株发育不良所致。由于坐果和果实膨大，同化养分大部分流向果实，很少流向根部，根的发育趋于停顿，根的吸收能力降低。当果实膨大盛期，必然需要大量水分，水分的供给和需要严重的不相适应，因而表现为凋萎。

【防治方法】 选择保水肥力强的土壤栽培，并施用腐熟有机肥，适当灌水；培育根系发育良好的幼苗，前期采用地膜覆盖增温、保水等措施，促进根系生长，为中后期茎叶生长和果实发育奠定基础；加强棚温管理，避免高温及土壤干燥，一般白天保持 30℃，夜间保持 18℃，光照好时可适当高些；根据植株的生长状态确定坐果节位和结果数，前期根量少、生长弱的植株，坐果节位要高一些，等根恢复生长后再坐果，坐果数不宜过多。

4. 肩　果

【症　状】 无网纹甜瓜和白皮甜瓜肩果发生较多。肩果是在靠近果梗部分发育不良，从侧面看其果形像梨一样。肩果有两种情况：一种是肩形的程度较轻，另一种情况是果实显著肩形。

【发生原因】 程度较轻的肩果是花芽分化期缺钙而形成的。多肥植株生长势旺盛，植株同化养分仍输入生长点，幼嫩子房得不到充足的营养而畸形，所以肩果发生较多。温室甜瓜低温期也会形成肩果。发生显著肩形的原因，是由于植株坐果后，接着又着生第二个果，当时植株的同化养分大部分流向第一个果实，而第二个果实得不到正常同化养分的供应而造成的。这种果实果顶更细。温室栽培的甜瓜因一般只留1个果实，因此不易出现肩果。用植物生长调节剂处理，如喷布不均匀，也易发生肩果。

【防治方法】 ①在育苗阶段促进花芽正常分化。②注意大田中的施肥量，避免植株生长过旺，坐果后及时施肥。③及时检查坐果部位幼果的形状，摘除果形不正和过多的幼果，以保证保留的果实得到充足的同化养分而正常发育。④用植物生长调节剂促进坐果时，药剂要喷布均匀。

5. 南瓜型果实

【症 状】 果实表面沿着心室部位出现棱角状的突起，横剖后可见到南瓜样的凹凸形状。坐果节位低，植株生长势弱，果实膨大前期得不到充足营养形成的扁形果，容易表现为棱角果。

【发生原因】 ①幼果生长初期纵向未能充分发育。②植株营养生长弱，叶片小、叶面积不足，果实生长得不到充足的同化养分，果实生长受阻。③低节位所结果实，果实发育处于较低的温度，夏季栽培高温下亦易形成扁平果。

【防治方法】 调整栽培季节和改善设施栽培的温光条件，使果实发育处于正常的温度条件下；控制结果节位，使在适宜节位坐果，保证果实发育期间得到充足的同化营养；植株生长势差的可以推迟结果，必要时摘除低节位的幼果，先促进营养生长，然后再促进结果。与扁平果相反的是纵长果，果实的长度大于果实的宽度。据观察，甜瓜开花后的前13天中果实主要是纵向伸长，而后是横向膨大，故网纹甜瓜在产生网纹以前发育良好，而后生长发育差的会形成纵长果。

6. 光头果

【症　状】 果面上不长网纹或部分生长网纹，称为光头果。网纹甜瓜果实表面硬化以后，随着果实内部的发育，使果实表面开裂，产生裂纹。光头果则是果实发育过程中果实表面始终不硬化，果实继续发育及至长成时才硬化。由于内部生长减弱，网纹产生不多，形成光头果。另一种情况是果实硬化后果实膨大不良，网纹也不发生，形成小果型的光头果。

【发生原因】 夏季栽培因高温、多湿，果实的膨大良好，果面硬化推迟，雌花大部分出现在上节位，产生大果型光头果较多。在冬季光照不足、低温、植株营养不良的情况下，产生小果型光头果。

【防治方法】 ①保持植株正常生长，使其在适当节位（第十节左右）结果。②开花后 10～13 天内节制浇水，促使果实表面硬化，夜间应通风换气，使果实表面形成裂纹，防止光头果的产生。③用较粗糙的毛巾浸上代森锌 400～600 倍液或百菌清 800 倍液，在开花 20～25 天横向网纹形成盛期稍用力擦拭果实，有利于网纹的形成。

7. 发酵果

【症　状】 甜瓜果实出现发酵果有两种情况：一是果实生理成熟后，胎座部分逐渐发酵产生酒味和异味。这是由于采收时成熟度过高，如果梗自然脱落或采收过程中受到挤压组织损伤易产生发酵果。薄皮甜瓜发生发酵果较多，特别是糖分高的品种更易发生水渍状并缺钙，果实细胞间很早就开始败坏，变成发酵果，又称心腐果。在高温、干燥、根系发育不良、生长弱等不良条件下，容易引起发酵果。

【防治方法】 ①选择不易发生发酵果实的品种。②保持植株的生长势。③促进果实长大并推迟果实成熟。④适时采收。

8. 植株缺素症

(1)缺钙症

【症　状】 上位叶型变小，向内侧或外侧卷曲，且叶脉间黄化，叶小株矮；若长时间低温、日照不足或骤晴高温，则生长点附近叶缘卷曲枯死。

【发生原因】 土壤氮、钾多或干燥均影响对钙的吸收；空气湿度小，蒸发快，或土壤呈酸性均产生缺钙症；根分布浅，生育中、后期地温高亦易发生缺钙症。

【防治方法】 钙不足时，可施石灰肥料，且要深施于根层内，以利于吸收；避免一次性大量施入氮、钾肥；确保水分充足；应急时用0.3％氯化钙水溶液喷洒。

(2)缺钾症

【症　状】 在甜瓜生长早期，叶缘出现轻微的黄化，在次序上先是叶缘，然后是叶脉间黄化，顺序很明显；在生育的中、后期，中位叶附近出现和上述相同的症状，叶缘枯死，随着叶片不断生长，叶向外侧卷曲。品种间的症状差异显著。注意叶片发生症状的位置，如果是下位叶和中位叶出现症状可能缺钾；生育初期，当温度低，覆盖栽培（双层覆盖）时，气体危害有类似的症状；同样的症状，如果出现在上位叶，则可能是缺钙；生长初期缺钾症比较少见，只有在极端缺钾时才出现；仔细观察初发症状，叶缘变黄时多为缺钾，叶缘仍残留绿色时则很可能是缺镁。

【发生原因】 在沙土等含钾量低的土壤中易缺钾；施用堆肥等有机质肥料和钾肥少，供应量满足不了吸收量时易出现缺钾症；地温低，日照不足，过湿等条件阻碍了对钾的吸收；

施氮肥过多，对钾的吸收产生拮抗作用。

【防治方法】 施用足够的钾肥，特别是在生育的中、后期，注意不可缺钾；甜瓜植株对钾的吸收量平均每株为7克，与吸收氮量基本相同，确定施肥量要考虑这一点；施用充足的堆肥等有机质肥料；如果钾不足，每667平方米施硫酸钾3～4.5千克，作一次性追施。

(3)缺磷症

【症　状】 苗期叶色深绿、硬化，株矮；成株期叶片小，稍微上挺；严重时，下位叶发生不规则的褪绿斑。

【发生原因】 温度低时，即使土中磷素足亦难被吸收，容易出现缺磷症，此时缺磷则品质下降，故生育初期提高磷的利用率显得更重要。甜瓜吸磷高峰是瓜膨大后期，此时缺磷则品质下降。

【防治方法】 甜瓜苗期特需磷肥，故培养土每立方米应施五氧化二磷1.5克；缺磷时，生育途中防治比较困难，应于定植前施足有机肥料。

(4)缺镁症

【症　状】 在生长发育过程中，下位叶的表面异常，叶脉间的绿色渐渐地变黄；进一步发展，除了叶缘残留一点绿色外，叶脉间均黄化。品种间发生程度、症状有差异。生育初期，结瓜前，发生缺绿症，缺镁的可能性不大，可能是保护地里由于覆盖而受到气体的障害；注意缺绿症发生的叶片所在的位置，如果是上位叶发生缺绿症，可能是其他原因。缺镁的叶片不卷缩，如果硬化、卷缩应考虑其他原因。症状发生在下位的老叶上，致使下位叶机能降低，不能充分向上位叶输送养分时，其梢上的上位叶发生缺镁症；缺镁症状与缺钾症状相似，区别在于缺镁是从叶内侧失绿，缺钾是从叶缘开始失绿。

【发生原因】 土壤中含镁量低，如在沙土、砂壤土上未施用镁的露地栽培易发生缺镁症；钾、氮肥用量过多，阻碍了对镁的吸收，尤其是保护地栽培反应更明显；收获量大，但没有补充施用足够量的镁。

【防治方法】 根据土壤诊断，如缺镁，在栽培前，要施用足够的镁肥料；注意土壤中钾、钙等的含量，保持土壤适当的盐基平衡；避免一次性施用过量的、阻碍对镁吸收的钾、氮等肥料。应急对策是，用1%～2%硫酸镁水溶液喷洒叶面。

(5)缺铁症

【症　状】 植株新叶除叶脉外全部黄化，叶脉逐渐失绿，继而腋芽亦呈黄化状，此黄化较为鲜亮，且叶缘正常，整株不停止生长发育。

【发生原因】 因铁在植体内移动小，故黄化始于生长点近处叶；及时补铁，则于黄化叶上方会长出绿叶；碱性土、磷肥过量、土壤过干过湿以及温度低等情况下，均易发生缺铁症。

【防治方法】 土壤pH应为6～6.5，以防止碱化；注意调节水分，防止过干过湿；如发生缺铁症，应用0.1%～0.5%硫酸亚铁水溶液，或100×10^{-6}柠檬酸铁溶液喷洒叶面。

(6)缺锌症

【症　状】 从中位叶开始褪色，叶脉清晰可见；叶黄化至呈褐色枯死，叶片向外侧微卷曲；生长点近处节间缩短，新叶不黄化。

【发生原因】 锌在植株体内移动比较容易，故缺锌症多发生在中下位叶。光照过强、吸磷过多、土壤pH值过高等，均影响吸收锌元素而导致缺锌症。

【防治方法】 土壤不要过量施磷；一般缺锌时可每667平方米施硫酸亚锌1.3千克。应急措施是用0.1%～0.2%

硫酸锌水溶液喷洒叶面。

五、主要虫害的防治

1. 瓜蚜

【分布与为害】 瓜蚜为世界性大害虫，国内各省都有发生。瓜蚜的寄主很多，据文献记载，寄主植物达74科，285种。其越冬寄主(第一寄主)有木槿、花椒、石榴、鼠李等木本植物和夏枯草、紫花地丁、苦荬菜等草本植物。越夏寄主(第二寄主)有瓜类、茄科、豆科、菊科、十字花科等植物。

瓜蚜的成虫、若虫均以口针刺吸汁液，它们大多栖息于叶片的背面。当瓜苗的幼嫩叶及生长点被害后，由于叶背被刺伤，生长缓慢，而正面未被害，生长较背面快，因而造成卷缩。为害严重时，整个叶片卷曲成一团，此时瓜苗生长停滞，若继续发展，将导致整株萎蔫、死亡。当瓜成株停止生长后受蚜虫为害，则不卷叶，但由于汁液大量被蚜虫吸取，叶片提早干枯、死亡，将缩短结瓜期，降低瓜的产量。

【发生规律】 在东北地区、黄河流域及长江流域，瓜蚜以卵在花椒、木槿、石榴及鼠李等的枝条上和夏枯草等的基部越冬。由于瓜蚜并无滞育现象，因此，在北方冬季可在温室内继续繁殖为害栽培的瓜类。瓜蚜在我国南方，如华南一年四季都可生长繁殖。其越冬卵于翌年春当5日平均气温上升达6℃以上，开始孵化，此孵化期与当地越冬寄主叶芽萌发生长期相吻合。越冬孵化蚜为干母，产生之后代称干雌，行孤雌生殖2～3代，4～5月份发生有翅蚜，即可向已定植的瓜苗上迁飞为害。瓜蚜繁殖力极强，当5日平均气温稳定在12℃以上时开始繁殖，每头成蚜一生可产若蚜60～70头。瓜蚜发育繁殖最适温为16℃～22℃，对湿度要求较低，如空气相对湿度超过 75％时即产生不利影响。

【防治方法】 ①减少蚜源。在温室、大棚内用敌敌畏熏蒸，对减少瓜区蚜源，既经济又有效。②露地药剂防治。瓜蚜点、片发生时，用 30％乙酰甲胺磷加水 5 倍涂瓜蔓，挑治中心蚜株，能有效地控制瓜蚜的扩散。当瓜蚜普遍严重发生时，用敌敌畏毒土熏杀，每 667 平方米用 80％敌敌畏乳油 100～150 毫升加细土 10～15 千克作为载体，拌匀后撒施于叶下。也可用 10％吡虫啉(一遍净)可湿性粉剂 2 000 倍液，或 20％康福多浓可溶剂 4 000 倍液，或 20％好年冬乳油 1 500 倍液，或 2.5％绿色功夫乳油3 000倍液，灭杀毙（21％增效氰・马乳油)6 000 倍液，或 40％氰戊菊酯 6 000 倍液，或 20％灭扫利乳油 2 000 倍液，2.5％天王星乳油 3 000 倍液喷雾。③保护地药剂防治。每 667 平方米用杀蚜烟剂 400～500 克熏蒸，密闭 3 小时。

2. 蛴 螬

蛴螬是鞘翅目金龟甲总科幼虫的总称。金龟甲按其食性可分为植食性、粪食性、腐食性三类。植食性种类中以鳃金龟科和丽金龟科的一些种类发生普遍，为害最重。

【分布与为害】 蛴螬分布于全国各地。植食性蛴螬大多食性很杂，同一种蛴螬常可为害双子叶和单子叶粮食作物、多种瓜类和蔬菜、油料作物、芋、棉、牧草以及花卉和果、林等播下的种子及幼苗。幼虫终生栖居土中，喜食刚刚播下的种子、根、块根、块茎以及幼苗等，造成缺苗断垄。成虫则喜食害瓜菜、果树、林木的叶和花器。是一类分布广、为害重的害虫。

【发生规律】 蛴螬 1 年发生代数因种、因地而异。一般 1 年发生 1 代，或 2～3 年发生 1 代，长者 5～6 年发生 1 代。蛴螬终生栖居土中，其活动主要与土壤的理化特性和温、湿度等有关。在一年中活动最适的土温平均为 13℃～18℃，高于23℃，逐渐向深土层转移，至秋季土温下降到其活动适宜范围时，再移向土壤上层。因此蛴螬在春、秋季两季为害最重。

【防治方法】 ①农业防治。进行大面积的秋耕、春耕，并随犁拾虫；避免施用未腐熟的厩肥，减少成虫产卵。②用药剂处理土壤。每 667 平方米用 50％辛硫磷乳油 200～250 毫升对水 10 倍，喷于 25～30 千克细土上拌匀成毒土，顺垄条施，随即浅锄，或以同样用量的毒土撒于种沟或地面，随即耕翻，或混入厩肥中施用，或结合灌水施入。或每 667 平方米用 5％地亚农颗粒剂 2.5～3 千克处理土壤，都能收到良好效果，并可兼治金针虫和蝼蛄。每 667 平方米用 2％对硫磷或辛硫磷胶囊剂 150～200 克拌谷子等饵料 5 千克左右，或用 50％对硫磷或辛硫磷乳油 50～100 毫升拌饵料 3～4 千克，撒于种沟中，并可兼治蝼蛄、金针虫等地下害虫。

3. 瓜绢螟

又称瓜螟、瓜野螟，属鳞翅目，螟蛾科。

【分布与为害】 该虫分布于河南、江苏、浙江、湖北、江西、四川、贵州、福建、广东、广西、云南、台湾等省、自治区。瓜绢螟的主要寄主是葫芦科植物，如黄瓜、丝瓜、西瓜、苦瓜、节瓜、甜瓜，其他寄主还有茄子、番茄、马铃薯、龙葵、常春藤、棉、木槿、梧桐等。幼虫为害寄主的叶片，能吐丝把叶片连缀，左右卷起，幼虫在卷叶内为害，严重时仅存叶脉，甚至蛀入果实及茎部。

【发生规律】 瓜绢螟在江西省南昌市 1 年发生 4～5 代，在广州为 1 年 5～6 代，以老熟幼虫或蛹在寄主枯卷叶中越冬。在广州地区，幼虫一般在 4～5 月份开始出现，6～7 月份虫口密度渐增，8～9 月份盛发，以夏植瓜受害最重，10 月份以后虫口密度又下降，随后即以幼虫在枯卷叶内越冬。武汉地区以 7 月下旬至 9 月上旬受害最重。河南以夏、秋季受害最重。成虫昼伏夜出，有趋光性。雌虫交配后即可产卵，卵粒多产在叶片背面，散产或几粒成堆。幼虫孵化时，首先取食叶片背面的叶肉，被食害的叶片有灰白色斑块。幼虫发育到 3 龄以后能吐丝将叶片左右缀合，匿居其中为害。此时可吃光全叶，仅存叶脉，或蛀入幼果及花中为害，也可潜蛀瓜藤。幼虫较活泼，遇惊即吐丝下垂，转移他处为害。幼虫老熟后在被害卷叶内做白色薄茧化蛹，或在根际表土中化蛹。温度为 25℃～30℃时，幼虫期 9～14 天，蛹期 4～8 天。

【防治方法】 ①消灭虫源。瓜果收摘完毕后，即将枯藤落叶收集沤埋或烧毁，以压低越冬虫口密度。②人工防治。在幼虫发生期，人工摘除卷叶，集中处理。③药剂防治。应在幼虫孵化高峰施药，可选用灭杀毙 8 000 倍液，或 50%马拉硫磷乳油或 50%敌敌畏乳油 1 000～1 500 倍液，或 90%敌百虫原粉 1 000 倍液，或 50%杀螟松乳油 1 000 倍液，或 25%亚胺硫磷乳油 600 倍液，或青虫菌(以每克含 100 亿个活孢子为标准)800 倍液喷雾。

4. 红叶螨

红叶螨又称朱砂叶螨，俗称红蜘蛛。属真螨目，叶螨科。

【分布与为害】 红叶螨是世界性分布的害螨，在西瓜、甜瓜等叶片背面刺吸汁液，发生多时叶片苍白，生长委顿，是温室和大棚栽培的重要害虫。为害初期，叶片正面出现若干针眼般枯白小点，以后小点增多，以致整个叶片枯白，在叶片背面可看到许多小红点，即为叶螨虫体。

【发生规律】 红叶螨在我国 1 年可繁殖 10～20 代，但在草莓上定居的一般只有 3～4 代。主要为害西瓜、黄瓜、枣、桑、槐、桐、榆以及枸杞、金银花等，为非滞育螨。干旱年份易于大发生，但温度超过30℃、空气相对湿度超过70%时，不利于红叶螨繁殖。

【防治方法】 ①消灭越冬虫源。清除越冬寄主杂草，必要时对环境虫源进行药剂防治，以压低越冬基数。②药剂防治。可用1.8%爱福丁乳油2 000倍液，或10%浏阳霉素2 000倍液，或25%倍乐霸可湿性粉剂、20%双甲脒螨克、5%卡死克乳油、5%尼索朗乳油、50%托尔克可湿性粉剂、50%螨代治乳油各1 000～2 000倍液，或73%克螨特乳油2 000～2 500倍液，或10%天王星2 000～5 000倍液，或胶体硫200倍液，或0.2～0.3波美度石硫合剂等喷雾防治，但一定要严格控制在采收前半个月使用。初期发现中心虫株要重点剿灭，并经常注意更换农药品种，防止产生抗性。

5. 温室白粉虱

该虫俗称小白蛾子。属同翅目，粉虱科。

【分布与为害】 原为我国北方地区温室中的一种害虫。20世纪70年代开始随着塑料大棚等保护地生产迅速发展，其分布地区逐渐扩大。该虫除为害温室和大棚甜瓜、西瓜外，其寄主植物已达65科265种，如黄瓜、番茄等多科蔬菜及其他多种作物。成虫和若虫吸食植物汁液，被害叶片褪绿、变黄、萎蔫，甚至全株枯死。分泌大量蜜液，严重污染叶片和果实，往往引起煤污病的大发生。

【发生规律】 在北方温室内1年可发生10余代，冬季在室外不能存活。以各虫态在温室越冬并继续为害。成虫羽化后1～3天可交配产卵，平均每头雌虫产143粒。也可进行孤雌生殖，其后代为雄性。成虫有趋嫩性，总是随着植株的生长不断追逐顶部嫩叶产卵。以其卵柄从气孔插入叶片组织中，与寄主保持水分平衡，不易脱落。若虫孵化1天内在叶背可作短距离游走，当口器插入叶组织后就失去了爬行的能力，开始营固着生活。白粉虱繁殖适温为18℃～21℃，在温室中约1个月完成1代。

【防治方法】 ①农业防治。提倡温室第一茬种植白粉虱不喜食的芹菜、蒜黄等较耐低温的作物。温室要尽量彻底清除前茬作物的残株、杂草，并清除出室外处理，随后对温室进行熏蒸灭虫，力争做到定植温室"干净"，通风口要封纱阻虫；生产期间打下的枝杈、枯黄老叶，应清除出室外处理。对无粉虱的温室要加强保护。②药剂防治。用10％扑虱灵乳油1 000倍液喷雾，对粉虱有特效；用25％灭螨猛乳油1 000倍液喷雾，对粉虱成虫、卵和若虫有效；用20％康福多浓可溶剂4 000倍液，或每667平方米用10％大功臣（一遍净）有效成分2克，2.5％天王星乳油3 000倍液，2.5％功夫乳油5 000倍液，20％灭扫利乳油2 000倍液喷雾，连续施用，可杀死成虫、若虫和假蛹。

6. 蓟　马

瓜田常发生的蓟马有黄蓟马（又名瓜蓟马、瓜亮蓟马）、烟蓟马（又名葱蓟马、棉蓟马）和花蓟马（又名台湾蓟马）等，均属缨翅目，蓟马科。

【分布与为害】 蓟马分布在华中和华南地区。主要寄主有西瓜、甜瓜、冬瓜、苦瓜、番茄、茄子、菠菜和豆类等蔬菜，其他如枸杞、野苋等也可为害。成虫、若虫锉吸瓜类植株的心叶、嫩芽、幼果的汁液，使被害植株嫩芽、嫩叶卷缩，心叶不能张开。瓜类植株生长点被害后，常失去光泽，皱缩变黑，不能再抽蔓，甚至死苗。幼瓜受害后出现畸形，表面常留有黑褐色疙瘩，瓜形萎缩，严重时造成落果。成瓜受害后，瓜皮粗糙有斑痕，极少茸毛，或带有褐色波纹，或整个瓜皮布满“锈皮”，呈畸形。

【发生规律】 黄蓟马1年发生10多代，世代重叠。以成虫潜伏在土块、土缝下、枯枝落叶间过冬，少数以若虫过冬。翌年气温回升至12℃时，回到地面开始活动，先在冬茄、枸杞等上取食和繁殖，待瓜苗出土后，即转至瓜苗上为害。孤雌生殖，雄虫罕见。雌虫产卵于嫩叶组织内。蓟马以成虫和1～2龄若虫取食为害，老熟的2龄若虫自动掉落在地面上，从裂缝钻入土中，3～4龄若虫不食不动，相当于全变态昆虫的预蛹期和蛹期。

【防治方法】 ①农业防治。清除杂草，加强水肥管理，使植物生长旺盛，可减轻为害。②药剂防治。在蓟马发生时期及时施药，常选用的药剂有5%锐劲特悬浮剂2 500倍液，20%康福多浓可溶剂4 000倍液，20%高卫士可湿性粉剂1 500倍液，40%乙酰甲胺磷乳油1 000倍液，50%辛硫磷乳油1 000倍液，50%巴丹可湿性粉剂1 000倍液，20%叶蝉散乳油500倍液等。

7. 美洲斑潜蝇

美洲斑潜蝇属双翅目，潜蝇科。是1993年才传入我国的一种国际性检疫害虫。

【分布与为害】 原分布于巴西、加拿大、美国、墨西哥、古巴、巴拿马、智利等30多个国家和地区。我国1993年在海南省三亚首次发现，现已扩散到广东、广西、云南、四川、山东、河南、河北、北京、天津等省、自治区、直辖市。菜田发生面积达133万公顷以上。可为害甜瓜、西瓜、黄瓜、番茄、茄子、辣椒、豇豆、大豆、菜豆、芹菜、冬瓜、丝瓜、西葫芦、蓖麻、大白菜、棉花、油菜、烟草等22科110多种植物。成、幼虫均可为害，雌成虫把植物叶片刺伤，进行取食和产卵，幼虫潜入叶片和叶柄为害，产生不规则的蛇形白色虫道，俗称“鬼画符”。

【发生规律】 该虫在海南省一般1年发生21～24代，无越冬现象。成虫以产卵器刺伤叶片，吸食汁液；雌虫把卵产在部分伤孔表皮下，卵经2～5天孵化，幼虫期4～7天；末龄幼虫咬破叶表皮布于叶外或土表下化蛹，蛹经7～14天羽化为成虫，夏季每世代为2～4周，冬季为6～8周。美洲斑潜蝇等在美国南部周年发生，无越冬现象。世代短，繁殖能力强。

【防治方法】 美洲斑潜蝇传播蔓延很快，且抗药性发展迅速，具有抗性水平高的特点，给防治带来很大困难。因此，已引起各地普遍重视。其防治方法有如下3个：①农业防治。在美洲斑潜蝇为害重的地区，要考虑蔬菜布局，把斑潜蝇嗜好的瓜类、茄果类、豆类与其不为害的作物进行套种或轮作；适当疏植，增加田间通透性；收获后及时清洁田园，把被美洲斑潜蝇为害作物的残体集中深埋、沤肥或烧毁。②用灭蝇纸诱杀成虫。在成虫始盛期至盛末期，每667平方米设置15个诱杀点，每个点放置1张诱蝇纸诱杀成虫，每隔3～4天更换1次。③药剂防治。在受害作物某叶片有幼虫5头时，掌握在幼虫2龄前(虫很小时)喷洒98%巴丹原粉1500倍液，或1.8%爱福丁乳油3000倍液，或48%乐斯本乳油800～1000倍液，或25%杀虫双水剂500倍液，或98%杀虫单可溶性粉剂800倍液。提倡施用0.12%天力Ⅱ号可湿性粉剂1000倍液，或10%绿菜宝乳油1000倍液，或1.5%阿巴丁乳油3000倍液，或20%康福多浓可溶剂4000倍液。

8. 棉铃虫

棉铃虫属于鳞翅目，夜蛾科昆虫。

【分布与为害】 棉铃虫分布于全国各地，是食性杂、为害广的蛀食性大害虫。其寄主有番茄、辣椒、茄子、西瓜、甜瓜、南瓜等蔬菜、瓜类及棉、烟、麦、豆等多种农作物。均以幼虫蛀食寄主作物的蕾、花、果及茎秆，并且为害嫩茎、叶和芽等，造成严重减产。

【发生规律】 棉铃虫在内蒙古、新疆每年发生 3 代，华北 4 代，长江以南 5～7 代。以蛹在土中越冬，在华北 4 月下旬开始羽化，大体在 5 月中下旬、6 月中下旬、8 月上中旬和 9 月中下旬，依次为 1 代、2 代、3 代、4 代幼虫发生为害盛期。幼虫发育以温度 25℃～28℃、空气相对湿度 75%～90%为最适宜，当月降水量为 100 毫米以上、空气相对湿度为 70%以上时，该虫为害最重。

【防治方法】 ①农业防治。整枝时打顶、打杈要带出田外销毁，以消灭有效卵量；打去老叶，改善通风状况，抑制幼虫为害；在受害作物田种植玉米诱集带，引诱成虫集中产卵杀灭。②生物防治。在产卵高峰期喷洒 2 次 B. t 乳剂或棉铃虫核型多角体病毒防治幼虫。

9. 瓜种蝇

瓜种蝇又名灰地种蝇，俗称根蝇、地蛆。属双翅目，花蝇科。

【分布与为害】 该虫分布于世界各地，是一种世界性害虫。可为害葫芦科、豆科、十字花科等作物。主要以幼虫为害播种后的种子和幼茎，使种子和幼芽腐烂而不能出苗或幼苗死亡。在留种株上为害根部，引起根茎腐烂或枯死，造成减产。此外，被害株的伤口易为病菌侵染，诱发病害。

【发生规律】 种蝇是 1 年多世代的害虫，世代数因种类和地区而异。瓜种蝇在黑龙江 1 年发生 2～3 代，在新疆、辽宁 3～4 代，陕西 4 代，江西、湖南 5～6 代。瓜种蝇以蛹或幼虫在土中越冬。翌年春羽化的成虫先在粪肥上和开花植物上进食，成虫尤其喜欢腐烂发酵的气味，它对未腐熟的粪肥及发酵的饼肥有很强的趋性，这种气味可引诱成虫群集进食和产卵。

【防治方法】 ①农业防治。施用充分腐熟的有机肥，同时注意均匀、深施，种子和肥料要隔开，也可在粪肥上覆一层毒土，或在粪肥中拌入一定量的药剂；发生地蛆时不要追施粪水，可施用化肥或浇氨水，以减轻为害；瓜类、豆类要浸种催芽，浇底水后播种；秋翻地，以杀伤部分越冬蛹；已发生为害的地块，要勤浇水，必要时浇大水，但蹲苗时不宜灌水。②药剂防治。用 40％二嗪农粉剂拌种，用药量为种子重量的 0.3％～0.5％；每 667 平方米在播种前用二嗪农 50 克或 80％敌敌畏油 1 000 倍液作沟施或同基肥混合施用，也有一定的防治效果。在成虫发生盛期喷药防治，可用 21％灭杀毙 6 000 倍液，或 2.5％溴氰菊酯乳油 3 000 倍液，或敌敌畏乳油 1 000 倍液，或 90％敌百虫 800 倍液。

10. 黄守瓜

黄守瓜俗称黄萤。属鞘翅目，叶甲科。

【分布与为害】 全国各地几乎都有发生。主要为害瓜类。成虫主要咬食叶、茎、花和果实。成虫取食叶片时，腹部末端贴在叶面，以身体为半径旋转咬食一圈，然后在圈内取食，使叶片残留若干干枯环形或半环形食痕或圆形孔洞。成虫还可咬断瓜苗嫩茎，又能食害花和幼瓜，但以叶片受害最重，严重时可致全株死亡。幼虫在土里为害根部，只吃瓜类。幼龄幼虫为害细根，3 龄以后食害主根，钻食在木质部与韧皮部之间，此时可使地上部分萎蔫致死。有些贴地生长的瓜果也可被幼虫蛀食，引起瓜果内部腐烂，甚至失去食用价值。

【发生规律】 该虫在我国北方每年 1 代，长江流域 1～2

代，华南 3 代，台湾南部 3～4 代。成虫在背风向阳的杂草、落叶及土缝间、土块下越冬，稍有群集性。成虫食性广，早春 10℃时先在麦田、菜园、果树上取食，等瓜苗长出 3～4 片真叶时，迁到瓜苗上为害。成虫为害期很长，喜食瓜叶和花瓣。但瓜秧受害的敏感期在 5～6 片真叶前。黄守瓜喜温好湿，中午活动最盛，20℃以上开始产卵，随温度的升高产卵增多。卵产在瓜根附近，潮湿的表土内或瓜下的土中，湿度越高产卵越多，雨后大量产卵。壤土中产卵最多，黏土次之，沙土最少。

【防治方法】 防治黄守瓜的关键在于防止成虫食瓜和防止成虫产卵。①温床育苗。早育苗，早移栽，待成虫活动为害时，已过瓜苗受害严重的敏感期，因而受害程度相对减轻。②间作。瓜苗种于甘蓝、芹菜、莴苣等作物行间，可大大减轻黄守瓜的为害。随着瓜苗长大，适时收获间作作物。③直播瓜田喷药。出苗后要勤查虫情，发现黄守瓜成虫入侵为害时，即喷 90％晶体敌百虫 1 000 倍液，或 50％敌敌畏乳油 1 000～1 200 倍液，或 2.5％鱼藤精 500 倍液，或 40％乐果乳油 2 000 倍液，或 40％氰戊菊酯 8 000 倍液。④防止成虫产卵。用 90％晶体敌百虫 1 500～2 000 倍液，或 50％辛硫磷乳油 1 000～1 500 倍液，或烟草水 40 倍浸出液浇瓜根，或用茶籽饼粉用开水浸泡加入粪水中，每 667 平方米用茶籽饼粉 20～25 千克加开水浸泡后加入粪水中施用。⑤人工防治。用麦秸等把瓜果垫起，防止土中幼虫蛀入瓜果。⑥防治幼虫。用 90％晶体敌百虫 1 500 倍液，或 50％辛硫磷 1 500 倍液灌根。

第六章　甜瓜采收贮运保鲜技术

一、甜瓜贮运保鲜

（一）甜瓜贮运保鲜的意义

甜瓜与其他农作物一样，均具有生产的区域性与生产的季节性两个共同特点。农业生产的区域性是由于农作物的生长均受一定生态条件限制所决定的，因此哪个地区适合种什么，就应该种什么。哈密瓜、白兰瓜适于西北干旱气候条件下种植，所以新疆、甘肃就大量发展它。而农产品的消费是全民性的，所以把农产品从产区运往市场是解决农业生产的区域性和农产品消费的全民性之间矛盾的有效办法。

长期以来，甜瓜生产均为露地栽培，生长季节比较单一，一般都是春播夏收，成熟上市时间非常集中，大部分产品仅能供应市场1～2个月，甚至更短。随着经济的发展和人民生活水平的提高，人们希望一年四季都能吃到甜瓜。这样，解决甜瓜的贮藏保鲜问题，就成了缓解生产季节性与市场均衡矛盾的有效办法。新疆哈密瓜采用当地传统的土窑贮藏，可以存放到春节上市，大大延长了供应时期。高速公路大发展和流通渠道的畅通搞活，为延长甜瓜供应时期提供了十分有利的空间和条件。目前各大城市的甜瓜市场基本达到了周年供应，具体途径主要是靠发展各种保护地栽培和反季节栽培以及高速公路汽车长途远运调剂，对延长各地的供应时期起到了关键性作用。有些地方采用的中长期贮藏措施已退居到次要和辅助供应地位，但是哈密瓜仍部分沿用较现代化的中长期贮藏办法。目前，甜瓜从采收至销售前以及甜瓜的运输过程和销售过程中均有一个需要短期和临时贮藏的问题。解决这个问题，在目前延长甜瓜供应期中发挥着十分重要的作用。对此，本章将作重点介绍，对冷库长期贮藏仅作附带介绍。

（二）甜瓜贮藏保鲜的误区与正确做法

甜瓜贮藏保鲜上的误区主要是由于对贮藏观念的误解而引起的。主要有以下三个方面：一是认为甜瓜的病害主要是在田间发生和防治的，而忽视了贮藏期间病害的防治；二是认为甜瓜的贮藏只要掌握好低温和通风工作就可以了，而忽视了冷害的危害和湿度过低造成的不良影响；三是不重视贮藏前的准备工作和贮藏过程中的科学管理。正确的做法，应该抓好以下三个方面的工作。

1. 甜瓜贮藏期间的主要病害及其防治 主要病害有软腐病、黑斑病、白霉病和青霉病，这些病害的防治主要采用低温贮藏和应用抗菌剂两个措施。低温贮藏能明显抑制软腐病和青霉病对甜瓜的侵染，10℃以下可使已侵入组织的软腐病不发病，0℃能使软腐病菌孢子失去生活力，而温度高、湿度大将加快病菌的侵染和危害。抗菌剂的使用方法是，准备贮藏的甜瓜用 0.1%特克多溶液浸果 1 秒钟，取出晾干后贮藏可以减少腐烂，贮藏 2 个月后商品率仍可达 90%以上。在窖温为 0℃～7℃时，用 500～700 毫克/升的防腐剂 YMC 处理哈密瓜，可降低贮藏期间的烂瓜率和推迟甜瓜的初始腐烂期。

2. 甜瓜贮藏期间的冷害及其防治 甜瓜果实对温度较敏感，在贮藏期间常会出现冷害问题。发生冷害的温度因不同品种而异，有高有低，但一般都在 10℃以下发生。贮藏甜瓜受冷害后，果面产生暗褐色凹陷，大小不一，形状不规则，以后逐渐形成凸凹不平的斑块，同时果实失水皱缩。受冷害的甜瓜由低温转到常温环境下，症状将加重，腐烂增加、风味变差。防治冷害的方法，主要是控制好贮藏温度，不宜低于8℃。此外，由于甜瓜受冷害与果实成熟度有关，成熟度较低的比成熟度较高的受冷害程度更严重，所以贮藏用的甜瓜必须达到八九成熟，切忌用欠熟的瓜贮藏。

3. 做好贮藏前的准备工作和贮藏过程中的管理工作 甜瓜入库前，必须做好果实预冷、以剔除病果和烂果为主的选果工作以及库房和包装材料的消毒工作（可用硫黄烟熏）。在贮藏过程中要轻拿轻放，防止机械损伤。甜瓜入库后要加强通风管理，按要求控制好温、湿度，定期检查，随时剔除病果、烂果。

二、甜瓜的采收和采后处理

（一）采　收

甜瓜的采收成熟度过生或过熟均不相宜。由于甜瓜果实内的含糖量的高低与果实成熟度直接相关，成熟度越高甜度也越高，所以充分成熟时（十成熟）采收的甜瓜最甜，但是，果皮硬度则是随着成熟度的增加而逐步降低，所以作贮运用的甜瓜应根据不同情况区别对待：即食的甜瓜或上市距离很近的甜瓜可以采收九成熟以上的瓜；运输距离较短和就近立即上市的宜采收九成熟的瓜；而长途运输的瓜则以采收八成熟的为佳，八成熟以下的欠熟瓜含糖量低、品质差，绝不能采收作商品瓜上市。

甜瓜采收时要注意采收时间，中午高温期采收的瓜果温度高，采后堆放在一起热量不易散失而常导致腐败，故采收宜在早晚进行。早上采收的瓜含水量多，品质优，新鲜度好，就近销售的应在早上采收。但需长途运输的瓜要求含水量不能高，故一般在傍晚气温开始下降后采收。新疆哈密瓜是甜瓜中的优质高档商品，它大量远销内地市场和出口外销，为了延长供应期，一部分瓜需要经过中、长期贮藏后再陆续上市，所以哈密瓜作为商品瓜采收，既要保持较高的品质，又要具有较强的耐贮运能力，故一般均在气温较低的早晨采收。此时果面不带露水，这样带入的田间热少、病菌从伤口侵入的机会也少。为了解决果实含水量偏高而影响贮运的矛盾，当地瓜农采用了采前捏伤果柄的方法（长途运输的瓜在采前3～5天捏，长期贮藏的瓜在采前10～15天捏）以限制植株体内水分往果实中输送和采后晒瓜的办法，收到了良好效果。

采收方法一般均用剪刀或刀子从果柄靠近瓜蔓处割下，约留2厘米长果柄，以作为新鲜度的标志。出口的哈密瓜有的还要求采收时要带一段瓜蔓（长15～20厘米，与果柄呈"T"字形）。为了使鲜瓜采收后能更好地贮藏，采收时应轻拿轻放，避免因机械损伤而导致病菌从伤口侵入，尤其是极不耐贮运的薄皮甜瓜，更应倍加小心，避免摩擦。

（二）采后处理

甜瓜采收后，为了增强其贮运性，减少损失，需要进行采后处理工作。

1. 预冷 将新鲜采收的产品在运输、贮藏或加工以前迅速除去田间热，称为"预冷"。预冷的方法有3种：一是自然降温冷却法。这是一种最简便易行的预冷方式，将采收后的甜瓜放在阴凉通风的地方，让它所带的田间热散去。这种方法冷却的时间较长，而且难以达到所需的预冷温度，但是在没有更好的预冷条件时，自然降温仍然是一种应用较普遍的好方法。二是强制通风冷却法，在包装箱堆或垛的两个侧面造成空气压差而进行的冷却，当压差不同的空气经过货堆或包装箱时，将产品散发的热量带走。如果配上适当的机械制冷和加大气流量，可以加快冷却的速度。强制通风冷却所用的时间仅为一般冷库预冷的1/10至1/4，预冷效果显著。三是冷库空气冷却法。这是一种简单的预冷方法，直接将甜瓜堆码在冷库中降温，注意堆码时垛与包装容器之间都应该留有适当的空隙，以保证气流通过。

2. 晒瓜 新疆瓜农对秋贮冬食的哈密瓜晚熟品种(冬甜瓜)，在入窖贮藏前都要进行晒瓜。他们通常采瓜后就在原地晒3～4天，待瓜皮轻微萎蔫后，运回放在窖顶上再晒，晒瓜时瓜柄朝阳，瓜上盖一些草，避免阳光直接暴晒，一般每隔7～8天翻1次瓜，前后共晒瓜20～30天。后经专家考察，认为这种传统的晒瓜方法造成的损失太大(占30%～50%)，建议缩短晒瓜4～5天，只需晒到瓜皮适当蒸发一些水分即可，这对于在采运过程中造成的轻度机械伤口经太阳晒后易于愈合、防止霉菌侵入有好处。

其他地方也有的在甜瓜入库前采取简单的风干措施，以降低果实水分而利于贮藏，但这种干燥处理不宜过度，否则会影响品质，降低耐藏力。

3. 涂蜡涂料

(1)涂蜡 植物为了调节自身的生理活动，具有从外部保护本身的表面构造。涂蜡能进一步提高它的保护作用，因而能更长时间地保持果实收获后的良好品质。在果实表面进行人工涂蜡，具有以下效果：①适当地堵塞表皮上的开孔部位(气孔和皮孔等)，防止由于过量蒸发引起的失水皱缩。②抑制呼吸作用，延缓养分的损失和后熟作用的发生。③抑制微生物的入侵。④减轻产品表面的机械损伤。⑤增强产品表面光泽，提高商品价值。

涂蜡方法有浸涂、刷涂和喷涂 3 种。蜡的种类有 1%石蜡油，在 120℃～135℃条件下进行。也有的用巴西棕榈油、石蜡和虫胶配成溶液，在室温条件下应用，还有的用淀粉、蛋白质等高分子的植物油乳剂对产品进行喷涂。

(2)涂料　果面涂料可以减少果实水分的损失，保持新鲜，增加光泽，改善商品外观，从而提高瓜果的商品价值。新疆哈密瓜试用昆明虫胶厂生产的 C_4 涂料稀释 2 倍处理后放入冷库中贮藏 45 天，好果率在 90%以上，其贮藏效果比用紫虫胶 1 号涂料好。试验结果表明，在涂料处理前先用 1 000 毫克/千克甲基托布津或多菌灵溶液，或 4 000 毫克/千克比久溶液浸果处理 1～2 秒钟(或喷雾)，风干后再用涂料处理，放在常温窖内贮藏 50～60 天，其贮藏效果均较单独使用涂料或防腐剂的效果好。

甜瓜经涂料处理后果面形成一层薄膜，抑制了果实的气体交换，降低了呼吸强度，减少了营养物质消耗，减少了水分蒸发损失，从而保持了果实外观的新鲜度和较高的硬度，同时也阻止了病原菌的侵入，因而减少了腐烂。但必须注意，涂料处理要均匀，切忌涂料过厚而导致果实无氧呼吸，引起生理失调，使果实品质风味变劣，加快衰老、解体导致腐烂。果实涂料处理是 20 世纪 70 年代以来发明的一项技术，在一些发达国家首先推广应用，日本甜瓜上市前也有应用涂料处理的。

4. 分级与包装

(1)分级　甜瓜商品的分级一般不像苹果、柑橘等果品那样严格。薄皮甜瓜与西北地区露地栽培的厚皮甜瓜早熟品种，如黄旦子、玉金香、河套蜜瓜等均是内销的大宗水果，一般不严格划分等级，只是在远销前将小瓜、生瓜、畸形瓜、病瓜剔除出去即可。但是哈密瓜与东部地区保护地栽培的厚皮甜瓜，由于品质优、档次高、价格较贵，所以应进行商品分级，尤其是出口的哈密瓜必须进行严格的商品分级。可根据大小(重量)、果型、色泽外观、成熟度、病虫害以及其他商品要求的规定标准分成特级、一级、二级 3 个等级。特级品的要求最高，产品应具有本品种特有的形状和色泽，不允许存在影响产品特有的质地、风味的内部缺陷，大小、粗细、长短要一致；在包装内产品排列整齐，允许可分级项目的总误差不超过 5%。一级品的质量要求大致与特级品相似，允许个别产品在形状和色泽上稍有缺陷，并允许个别产品在形状和色泽上存在较小的不至于影响外观和耐贮藏性的外部缺陷，允许总误差为 10%。二级品可以有某些外表或内部缺点，只适于就地销售或短距离运输。分级有人工、机械和人工与机械结合进行的方式。人工分级常与包装同时进行。

分级可使产品商品化、标准化，是实现优质优价和提高经济效益的重要措施。随着市场经济的发展，市场对瓜果商品的要求越来越高，搞好分级包装势在必行。

(2)包装　长期以来内销甜瓜一般短途运输的均无包装，即使长途远运的哈密瓜和白兰瓜基本上也没有包装，但是出口外销则必须进行包装。目前，甜瓜包装很普遍，东部地区保护地栽培的各种厚皮甜瓜全部进行包装。西北地区的厚皮甜瓜就地销售的，不论什么品种，一般仍不进行包装，采用散装运销，但是往内地远销的大部分均要进行包装，一部分耐运的哈密瓜仍然采用散装运输。薄皮甜瓜极不耐贮运，大部分散装就近上市，但近年来辽宁等地发展起来的保护地栽培的薄皮甜瓜，外运销售时都进行了纸箱包装。

甜瓜的包装可分为硬包装与软包装两类，硬包装有竹筐、木箱、硬质纸箱(瓦楞纸箱)等，其中瓦楞纸箱应用最多；软包装有网袋、尼龙编织袋等。各种包装外面要标明品名、规格、数量、生产地等。果型较大的品种，如哈密瓜每个纸箱一般只装4个瓜，果型较小的厚皮甜瓜每个纸箱一般可装8～12个瓜。为了减少运输过程中果实之间受震动摩擦碰伤，箱内每个果实可用纸或塑料薄膜进行小包装或果实间填充纸屑。

包装可以防止商品摩擦碰伤，减少水分蒸发，有利于保鲜和防止病虫危害，也便于搬运装卸和合理堆放，增加装载量和提高贮运效率。

三、甜瓜的运输

西北生产的哈密瓜、白兰瓜采用传统火车普通棚车运输，随着高速公路的迅速发展，目前除冷藏保温运输采用火车外，其余全部采用公路汽车运输。东部地区各种保护地栽培的厚皮甜瓜也都采用公路汽车运输。公路运输中间环节少，机动灵活，时间短，质量好，但运输费用比铁路运输高，装载量不及火车大。近年来，还有少量采用集装箱运输，可以整件吊装，因而大大提高了装卸效率，方便了不同运输方式间的联运。空运是近几十年来迅速发展起来的运输方式，随着航运业的发展，运费逐年下降，空运量必将有较大增长。

在甜瓜商品的长途运输中，哈密瓜的运输最为重要。随着经济的发展，无保护的常温运输应该逐步淘汰，改用保温运输和控温冷藏运输。有条件时应开始建立现代化的冷链流通体系。所谓冷链，是指使新鲜甜瓜从采收到消费的全部过程都处在适宜低温条件下的保鲜流通体系，能有效地抑制产品采后各种生理活动和病原微生物的活动，保持产品的品质和新鲜度。这是今后甜瓜运输发展的必然趋势。

四、甜瓜的贮藏保鲜技术

甜瓜的贮藏保鲜方法主要分为一般短期贮藏和中长期专业贮藏。短期贮藏可分为露天简易临时性存放贮藏与无设备普通库贮藏。

(一)短期贮藏

1. 露天简易临时性存放贮藏 瓜农在甜瓜采后出售前，甜瓜运输户收购后外运前，均需要进行短期临时存放，一般为1～2天时间。这种贮藏方法最简易，不需任何设备，可以在露地存放，也可以在室内存放，但以露地存放为多。存放的场所应选择通风的阴凉处，最好选在背阴地段(大树下或建筑物北侧)，地面要扫清、整平。最好铺上一层细沙，散装的哈密瓜一般摞叠2～3层，不宜过高。纸箱包装的早熟厚皮甜瓜在纸箱下面要用木棍垫空。下雨时，瓜堆和瓜箱上层加盖塑料布以防雨淋，雨停后立即撤除。白天高温期阳光直射到瓜堆和瓜箱时，可临时加盖有色遮布防晒，切忌用白色透明塑料布覆盖；傍晚气温下降后，即可撤除遮布。薄皮甜瓜皮薄、容易腐烂，极不耐贮运，一般采收后均立即上市销售，不宜也不能进行短期存放，如特殊情况采后需要临时存放时，则必须装箱存放，不能散装存放。

2. 普通库房贮藏 这是厚皮甜瓜常用的简易贮藏方法，这种贮藏又可分为普通库房与地下、半地下式冷凉贮藏两种方式，可贮存10～15天。

(1)*普通库房贮藏* 应选用阴凉、通风、无人居住的空闲房屋，室内要清扫干净，清除各种不必要的杂物，以腾出更多的空间；地面与墙壁均应喷药消毒。地面可铺放一层麦秸或高粱秸或玉米秸，而后均匀摆放散装的厚皮甜瓜，其摞叠高度以2～3层为宜。房中要留出1米左右的人行道，以便人员出入进行管理检查。白天气温较高时，应关闭门窗，并尽量减少人员出入以免带入热空气；夜间气温降低后，应打开门窗通风降温。室内保持的温度，因品种而异，早熟厚皮甜瓜宜在4℃～8℃，网纹甜瓜宜在10℃左右，哈密瓜则在3℃～4℃下贮藏，空气相对湿度保持在85%～90%。室内空气干燥时，地面可以适当洒一些水，每隔3～5天要倒翻甜瓜1次，并注意拣除病瓜、烂瓜。有条件的，可在室内搭架进行架藏，这样可以延长贮存时间。这种方法一般可以存放20～30天。

(2)地下或半地下式贮藏　这是一种冷凉式库房贮藏。如西北的土窑洞、北方的窑窖、城市里的防空洞和地下室等，其共同特点是库房处在地下或半地下，室内气温较低，一般比地上室内明显冷凉，较适于甜瓜贮藏。其贮藏方法与上述普通库房贮藏大体相同，但其贮藏量较大，贮藏时间较长，故均宜采用装箱码垛贮藏。西北产区瓜农也有采用散装堆藏的。垛码时，应箱边压箱边呈“品”字形，最好垛成横直交错的“花垛”，箱间留3～5厘米空隙，垛高离房顶1米左右，纸箱下面应垫有木棍，离地面5～10厘米，以利于通风。房中应留有走道。库房内的温、湿度管理十分重要，当室温高于适温(10℃)时，应开门开窗通风降温；湿度过高时，可开门开窗通风换气，过于干燥时可适量喷水。应定时进行检查，每隔10天倒1次箱，同时注意淘汰烂瓜、裂瓜。采用这种贮藏方法，一般可存放30天以上。新疆哈密瓜产区瓜农都采用架藏，把哈密瓜放在预先做好的架子上；也有采用吊藏的，将哈密瓜吊挂在窖顶横木的吊绳上。

(二)中长期专业贮藏

中长期专业贮藏，系指具有现代化通风或降温调控设备的专业水果贮藏库。其投资大，成本高，只在出口瓜果和特需瓜果需要长期贮藏时才使用。短期贮藏甜瓜时，除特殊情况外一般很少使用。

1. 通风库贮藏 这种库房必须具备隔热条件和通风设备。为防止库外高温影响库内甜瓜贮藏，对库房的墙壁、天花板、地面、门窗、通风设备等，均要求安装隔热材料。通风库主要是利用库外气温昼夜变化大而进行通风换气，使库内基本保持稳定适温，故必须具备冷气进口和热气出口的良好调控设备。这种库房的管理比较方便，贮藏费用不高，适于昼夜温差大的地区应用。

2. 机械冷藏库冷藏 这种贮藏冷库必须在良好的绝热建筑物中安装机械制冷设备，可根据甜瓜贮藏所需温度、湿度和通风换气的要求进行人工调节控制。冷库贮藏甜瓜的时间最长，效果最好，但成本太高，目前应用不多。

第七章 甜瓜的市场营销与种植效益

一、甜瓜的销售与流通

甜瓜作为商品进入市场，目的是获得较高的经济效益。而甜瓜生产效益又受市场价格杠杆的引导和调控。20世纪80年代后期以来，由于厚皮甜瓜的经济效益显著，因此种植面积及产量迅速增长，甜瓜生产已步入商品性生产阶段。近年来，甜瓜价格有些下滑，并且上下波动较大，市场开拓是影响价格的主要因素，因此，甜瓜的营销十分重要。

我国是世界第一甜瓜生产大国，同时也是拥有全世界1/5人口的甜瓜消费大国，其消费量将随着经济的发展和人民生活水平的提高逐步增大，同时对商品瓜的质量要求也愈来愈高。从目前城市甜瓜市场的消费来看，还有一定潜力，而今后受农村的消费潜力影响，我国有九亿农民，随着农村经济的发展，农村将成为今后甜瓜消费的重要市场空间。目前，我国甜瓜总量虽有较大的增长，但优质商品瓜的缺口很大。个别地方出现的滞销现象，主要是由于运销体系不完善，商品化处理差，商品瓜质量低，是局部性、临时性问题，并不是市场饱和的结果。

目前甜瓜营销体系成分繁多，组织松散，缺乏系统化、规范化，致使经营者的技术水平、经营能力参差不齐，产后处理技术设施落后，从而经营的甜瓜商品质量差异很大，影响了它在市场上的竞争力。

薄皮甜瓜与厚皮甜瓜具有明显不同的商品特点，因此，在市场销售与商品流通方面形成了各自不同的格局。

薄皮甜瓜具有成熟早、果实小、皮薄、不耐贮运等特点，由于它成熟上市早于其他夏季水果(西瓜、桃、葡萄)，一般价格较高，效益也较高；同时由于其果实小，购买、携带与食用十分方便，因此成为我国东部地区广泛种植和深受城乡消费者喜爱的传统夏季水果，尤其是在鲜果生产很少的东北地区和内蒙古自治区占有突出的重要地位。虽然质优耐运的厚皮甜瓜发展很快，但由于栽培条件的限制，至今薄皮甜瓜仍占主要地位(占全国甜瓜总面积的 70%左右)。薄皮甜瓜的致命弱点是皮薄不耐贮运，在采收运销过程中极易碰伤受损而影响销售，货架期很短，因此就地生产的薄皮甜瓜除少数品种(如华南 108 等)外，一般均为地产地销，只能供应附近城镇销售。即使近年来辽宁等省发展大棚栽培薄皮甜瓜，也只能用纸箱包装后进行短、中途外运销售，而无法进入长途运输的厚皮甜瓜大流通市场。

厚皮甜瓜则不同，不论是西北地区露地栽培的哈密瓜、白兰瓜、玉金香、黄河蜜，还是在东部地区保护地栽培的中早熟厚皮甜瓜品种，其品质优、耐贮运性强，适于长途外运进入大流通市场。西北地区露地栽培的厚皮甜瓜，一般果型较大，除了外贸出口和大城市特需供应需要纸箱包装外，大多均进行散装运输。由于哈密瓜的价格较高，虽然它果型最大，但近年来采用装箱运输的愈来愈多。玉金香果型很小，但目前大多均采用尼龙袋装运输。而在中东部地区大棚栽培的中早熟厚皮甜瓜品种，果型较小，价值较高，故全部采用纸箱加尼龙网套包装外运。

目前，国内甜瓜流通市场，基本上可以做到一年四季均有商品供应，但不同季节和月份之间有很大差别。其主要流通格局如下：甜瓜是夏季水果，每年6～8月份是各地露地栽培甜瓜的上市高峰期，其中长江中下游地区的薄皮甜瓜于6月份最早上市，随即是华北地区与东北地区的薄皮甜瓜，分别于6～7月份和7～8月份陆续上市。虽然华南地区的薄皮甜瓜5月份即可上市，但它的商品量很少。西北地区露地栽培的厚皮甜瓜，先后于7～8月份陆续上市；但低洼暖热的吐鲁番盆地生产的哈密瓜特别早熟，6月份即可上市；内蒙古的河套蜜瓜成熟也比较早，在北京市场上7月份就有供应；甘肃的玉金香、黄河蜜、白兰瓜等在7～8月份大量采收外运；8月份是新疆哈密瓜的收获期，由于它的耐贮运性特别强，尤其像伽师瓜等晚熟冬甜瓜品种，一般在室温下即能存放数月，因此，它的上市供应期很长，一直可以延续到元旦和春节。华北地区和长江中下游地区保护地栽培的中早熟厚皮甜瓜品种，5月份即可大量成熟，早的可提前到4月份上市，个别瓜农采取特早熟栽培措施后，甚至在3月下旬就可以开始少量采收上市，以获取高价，这批春季上市的甜瓜为填补4～5月份大路鲜果短缺淡季发挥了积极作用。辽宁的大棚薄皮甜瓜在5～6月份成熟上市。珠江三角洲地区温室无土栽培的秋茬优质哈密瓜商品价格最高，效益最好，是供应附近城市和港、澳特区国庆至元旦期间的高档果品。海南岛南部地区冬、春季生产的大棚无土栽培哈密瓜经济效益也很好，成为元旦、春节和早春供应华南大城市和销往港、澳特区的高档果品。

二、甜瓜营销上的主要误区

甜瓜营销上的误区主要包括营销商品与营销方式两方面内容。营销商品主要是商品质量问题，商品质量差（外观、成熟度、口感品质、安全质量等）则影响销售、降低效益，更不用说经销伪劣产品，必将最终导致信誉扫地而以失败告终。营销优质商品、名牌或品牌产品，就能取得成功和高效。目前，各地营销商品上的最大误区是商品瓜的成熟度普遍偏低，甚至还有不少生瓜，这就大大影响了市场效应和瓜农效益。

甜瓜营销方式，除大城市和经销发达地区的产区外，大部分均处于比较落后的个体生产、个体经销直接上市或直接上当地交易市场交易销售，而很少采用产销有机结合的产业化发展营销，因而导致销售不畅、效益低下。

三、种植甜瓜的经济效益分析

由于薄皮甜瓜成熟早，厚皮甜瓜品质优、档次高，因此，种植甜瓜的经济效益比较好，通常略高于西瓜。在正常情况下，每667平方米收入在1 000元以上，多的达到数千元，有的甚至达到万元以上。由于厚皮甜瓜的单价高，它的经济效益一般比薄皮甜瓜好，尤其是新疆的哈密瓜不仅品质优，而且产量高，耐运性强，因此一直被国内外市场看好，因而近年来发展很快，从而出现了哈密瓜面积迅速扩大、效益较次的西瓜面积大幅度自动下降的新格局。东、中部地区大棚栽培的中早熟厚皮甜瓜，由于上市早，价格好，其经济效益远比露地栽培的要好。即使是薄皮甜瓜采用大棚栽培后，由于充分发挥其上市早的季节优势，经济效益大大提高，一般比露地栽培的高出数倍，每667平方米平均收入3 000～4 000元，高的甚至可达万元以上。华南地区（珠江三角洲与海南南部）的保护地无土栽培的优质哈密瓜是甜瓜中经济效益最高的栽培方式，产品单价高达每千克10元以上，每667平方米收入一般均在1万元以上。

四、提高甜瓜种植效益的主要途径

(一)提高质量和单产是当前个体瓜农增收的主要途径

1. 提高商品瓜质量是瓜农提高效益的主要途径 由于市场经济的发展，商品之间的质量差价将逐步加大，因此，提高商品瓜质量将比增加单位面积产量的经济效益更好。商品瓜质量好的标准包括5个方面，即品种应与市场需求对路、商品外观好(包括皮色、花纹、大小等外观性状和肉色、肉厚、腔小等剖面性状)、口感风味优(包括味甜、水多、质细、具香味或特殊风味)、卫生无污染(为无公害生产食品)以及附有增值性产后处理(包括分级、包装、加商标等)。瓜农如果能在哪个方面或全面提高商品瓜质量标准，就能取得好的经济效益。

2. 提高单产仍然是瓜农增收的基本措施 在市场经济条件下，只有在品种对路、上市季节适宜、商品瓜质量好的前提下提高单产，才能达到增收的目的；反之，盲目增加低产值产品产量和供过于求时的增产，均会适得其反，甚至导致增产愈多损失愈大的不良后果。但是在正常情况下和同样条件下，提高单产仍不失为瓜农增收增效的基本措施。

以往瓜农在增产技术上习惯采用增加种植密度和一株结多果等措施，以增加单位面积上的结瓜数来达到增产增收的目的。但在市场经济条件下，大小不一、等级不同的混合商品价值不高，这样的增产不一定能达到增收的目的；只有提高商品率，增加商品等级，使商品性一致，增产才能增收。

瓜农要想增效增收，除了种好瓜增加种瓜收入外，还应考虑如何增加瓜田的年收入问题。由于甜瓜作物具有生育期短、行株距大、匍匐栽培等特点，因此应充分利用瓜田有利的空间和时间，进行合理间作套种，以增加瓜田的年产量和年收入，这在我国一年二作或二作多一点的地区，推广应用效果最好。如华北地区和长江中下游地区，露地栽培的薄皮甜瓜可前与越冬的麦类作物套作，后与棉花、玉米等大秋作物套作，均可获得增加瓜田年产量和年收入的效果。另外，甜瓜与蔬菜作物合理的间套作，同样也可以获得好效益。经济效益的高低，常受品种不同和商品质量的好坏影响，种植高、新、优品种的经济效益将显著高于种植大路品种的效益。商品质量好的，身价就高、效益就好。

3. 加快产业化发展进程是提高甜瓜种植效益的长远性根本途径

(1)规模生产是实现甜瓜产业发展的前提　个体瓜农每家仅种植几亩或十几亩甜瓜，在市场经济条件下表现势单力薄，效益低下，形不成气候。各地的实践证明，只有进行甜瓜规模生产，才具有较强的竞争力。目前，各地实行甜瓜规模生产的形式主要有 3 种：①以乡(镇)、村为单位组织的甜瓜专业协会或甜瓜经济合作组织，这种组织形式的规模大，少则一百多公顷，多则几百上千公顷。如陕西省西安市阎良区甜瓜协会在产前、产中、产后进行全方位服务，并为阎良甜瓜注册了“馥康牌”商标，对促进甜瓜产销提高瓜农收入发挥了巨大作用。2006 年，该协会的瓜农每 667 平方米收入比上年增加 3 500 元左右。②公司＋农户的形式。这种形式的规模可大可小，一般比较大，通常实行签订单的方法，农户根据订单按质按量完成。③专业大户。这种形式的规模，没有前面两种形式大，少则 10 多公顷，多则几十公顷。这种形式是由既有熟练种瓜技术，又有较强市场经济理念的种瓜专业大户统一管理产销工作，由于它的活力强、效益好，因此近年来有较快发展。例如，海南南部地区大棚哈密瓜无土栽培的专业大户产业化发展很快，效益显著，对周围影响很大。

(2)*产销有机结合是实现甜瓜产业化发展的关键*　产销脱节是实现产业化发展的主要障碍。只抓生产不问销售，在市场经济条件下难以获得好效益，在产销的连接上，个体瓜农常采取把甜瓜送到城市社区直接销售给市民和把瓜拉到当地产区批发市场与瓜商进行交易的两种方式，这两种方式比较原始，与当前产业化发展要求不相适应；要实现甜瓜产业化生产，必须实行产、销的完全统一，进行规模经营，抓优质创品牌，遵循市场经济规律，进入市场竞争，开拓市场以增进效益。

(3)*提高商品瓜质量是实现甜瓜产业化的核心内容*　实现产业化发展，必须具有优质化商品。在市场经济条件下，只要商品好、品质优，就有竞争力，就能占领市场而取得高效益。因此，提高商品瓜质量是实现甜瓜产业化的核心内容，是产业化发展成功的保证。

4. 遵循市场规律、强化销售工作是瓜农增效增收的另一重要途径　瓜农除了主要通过改进商品瓜质量和提高单产途径达到增收增效益的目的外，还可以在销售上动脑筋、想办法，通过各种巧卖瓜的办法以提高商品瓜的价值来达到增效的目的。例如，根据我国鲜食农产品季节差价大的特点，采用反季节栽培供应淡季市场，肯定能获得较高效益，尤其在重大节日(五一节、国庆节、元旦和春节)或淡季生产出优质商品甜瓜上市，必能获得高效益。其次，瓜农可以采取一些自我保护的巧销措施来调节销售效益，当甜瓜上市高峰期内瓜价特低时，瓜农可以采用一些简易的短期贮藏方法，如在空房或地窖等较冷凉的地方进行临时性贮存，待瓜价回升后再上市销售，这样可以减少损失，增加效益。另外，由于地区和不同城市之间的瓜价不一，有高有低，因此，在上市前了解当地及附近地区的瓜价情况，哪里价格高，瓜就往哪里送，不一定非送大城市不可，有时也会出现县城的瓜价比大、中城市高，乡镇农村的瓜价高于县城的情况。此外，大城市经济发达地区的购买力强，消费水平高，只要商品好、有特色，就能卖好价钱。有条件生产新、特、优品种的瓜农，可以组织高档商品甜瓜进入特约代销店专卖，有条件的还可以网上销售。高档商品甜瓜的特销，虽然销售总量不是很大，但它要求高、难度大，效益也显著。这些高档商品瓜的销售，必须进行包装处理，以提高其商品附加值。甜瓜商品包装一般要在瓜皮上贴品牌商标，并在包装的纸箱上注明品名、品牌、商品标准、产地、生产者，以保证商品信誉，使消费者放心购买。

优质酿酒葡萄高产栽培技术	5.50元
大棚温室葡萄栽培技术	4.00元
葡萄保护地栽培	5.50元
葡萄无公害高效栽培	12.50元
葡萄良种引种指导	12.00元
葡萄高效栽培教材	4.00元
葡萄整形修剪图解	4.50元
葡萄标准化生产技术	11.50元
怎样提高葡萄栽培效益	9.00元
寒地葡萄高效栽培	13.00元
李无公害高效栽培	8.50元
李树丰产栽培	3.00元
引进优质李规范化栽培	6.50元
李树保护地栽培	3.50元
欧李栽培与开发利用	9.00元
李树整形修剪图解	5.00元
杏标准化生产技术	10.00元
杏无公害高效栽培	8.00元
杏树高产栽培(修订版)	5.50元
杏大棚早熟丰产栽培技术	5.50元
杏树保护地栽培	4.00元
仁用杏丰产栽培技术	4.50元
鲜食杏优质丰产技术	7.50元
杏和李高效栽培教材	4.50元
李树杏树良种引种指导	14.50元
怎样提高杏栽培效益	7.00元
怎样提高李栽培效益	7.00元
梨树良种引种指导	7.00元
银杏栽培技术	4.00元
银杏矮化速生种植技术	5.00元
李杏樱桃病虫害防治	8.00元
梨桃葡萄杏大樱桃草莓猕猴桃施肥技术	5.50元
猕猴桃标准化生产技术	12.00元
猕猴桃贮藏保鲜与深加工技术	5.50元
柿树良种引种指导	7.00元
柿树栽培技术(第二次修订版)	7.00元
柿无公害高产栽培与加工	9.00元
柿子贮藏与加工技术	5.00元
柿病虫害及防治原色图册	12.00元
甜柿标准化生产技术	8.00元
枣树良种引种指导	12.50元
枣树高产栽培新技术	6.50元
枣树优质丰产实用技术问答	8.00元
枣树病虫害防治(修订版)	5.00元
枣无公害高效栽培	10.00元
冬枣优质丰产栽培新技术	11.50元
冬枣优质丰产栽培新技术(修订版)	12.00元
枣高效栽培教材	5.00元
枣农实践100例	5.00元
我国南方怎样种好鲜食	

枣 6.50元
图说青枣温室高效栽培
关键技术 6.50元
怎样提高枣栽培效益 8.00元
山楂高产栽培 3.00元
怎样提高山楂栽培效益 9.00元
板栗标准化生产技术 11.00元
板栗栽培技术(第二版) 6.00元
板栗园艺工培训教材 10.00元
板栗病虫害防治 8.00元
板栗无公害高效栽培 8.50元
板栗贮藏与加工 7.00元
板栗良种引种指导 8.50元
板栗整形修剪图解 4.50元
怎样提高板栗栽培效益 9.00元
怎样提高核桃栽培效益 8.50元
核桃园艺工培训教材 9.00元
核桃高产栽培(修订版) 7.50元
核桃病虫害防治 4.00元
核桃贮藏与加工技术 7.00元
核桃标准化生产技术 10.00元
大果榛子高产栽培 7.50元
美国薄壳山核桃引种及
栽培技术 7.00元
苹果柿枣石榴板栗核桃
山楂银杏施肥技术 5.00元
柑橘熟期配套栽培技术 6.80元
柑橘无公害高效栽培 15.00元
柑橘良种选育和繁殖技
术 4.00元
柑橘园土肥水管理及节
水灌溉 7.00元
柑橘丰产技术问答 12.00元
柑橘整形修剪和保果技
术 7.50元
柑橘整形修剪图解 8.00元
柑橘病虫害防治手册
(第二次修订版) 16.50元
柑橘采后处理技术 4.50元
柑橘防灾抗灾技术 7.00元
柑橘黄龙病及其防治 11.50元
柑橘优质丰产栽培
300问 16.00元
柑橘园艺工培训教材 9.00元
金柑优质高效栽培 7.00元
宽皮柑橘良种引种指导 15.00元
南丰蜜橘优质丰产栽培 9.50元
无核黄皮优质高产栽培 5.50元
无核黄皮优质高产栽培 5.50元
中国名柚高产栽培 6.50元

以上图书由全国各地新华书店经销。凡向本社邮购图书或音像制品,可通过邮局汇款,在汇单“附言”栏填写所购书目,邮购图书均可享受9折优惠。购书30元(按打折后实款计算)以上的免收邮挂费,购书不足30元的按邮局资费标准收取3元挂号费,邮寄费由我社承担。邮购地址:北京市丰台区晓月中路29号,邮政编码:100072,联系人:金友,电话:(010)83210681、83210682、83219215、83219217(传真)。